水利水电工程技术与管理施工技术

盛菲　黄举　魏伟　韩建军　著

中国商务出版社

·北京·

图书在版编目(CIP)数据

水利水电工程技术与管理施工技术 / 盛菲等著 .
北京：中国商务出版社, 2024.9.-- ISBN 978-7-5103-
5386-4

Ⅰ. TV512

中国国家版本馆 CIP 数据核字第 2024NS6833 号

水利水电工程技术与管理施工技术
SHUILI SHUIDIAN GONGCHENG JISHU YU GUANLI SHIGONG JISHU

盛菲　黄举　魏伟　韩建军　著

出版发行：中国商务出版社有限公司

地　　址：北京市东城区安定门外大街东后巷28号　　邮编：100710

网　　址：http://www.cctpress.com

联系电话：010-64515150（发行部）　　010-64212247（总编室）

　　　　　010-64266119（事业部）　　010-64248236（印制部）

责任编辑：周水琴

排　　版：北京天逸合文化有限公司

印　　刷：北京九州迅驰传媒文化有限公司

开　　本：787毫米×1092毫米　1/16

印　　张：9.75　　　　　　　　　字　　数：196千字

版　　次：2024年9月第1版　　　　印　　次：2024年9月第1次印刷

书　　号：ISBN 978-7-5103-5386-4

定　　价：78.00元

前　言

水利水电工程是改造大自然并充分利用大自然资源为人类造福的工程。在当前的市场竞争环境下，大幅提升企业项目管理水平，降低施工成本，提高施工技术水平，是水利水电施工企业立足国内市场、开拓国际市场的关键所在。施工企业的管理水平直接决定着企业的发展潜力，影响着水利水电工程建设的质量，因此水利水电施工企业的管理工作就必然成为建设管理的重要环节。

水利水电工程管理包括水利水电工程安全管理、质量管理、前期管理和进度控制等内容，只有严格控制工程管理的各个组成部分，才能实现对水利水电工程整体的优化管理，以取得良好的经济效益。为了全面实现对水利资源的充分利用，在缓解能源资源危机的基础上，实现我国经济的可持续发展，国家加大了对水利水电工程项目的投入力度，进而使得相应的工程施工项目逐渐增多。在此背景下，为了全面确保工程的施工质量，就需要科学且合理地实现对基础施工技术的应用，在满足水利水电工程施工实际要求的基础上，确保水利水电工程能够造福于社会，实现自身综合效益。

技术创新是水利水电工程施工永恒的主题，新技术的推广和应用，能够为施工技术的进一步创新提供有价值的参考资料，对水利水电施工行业的发展具有十分重要的意义。要创新水利水电工程施工技术，对水利水电工程中所采用的施工技术进行详细的分析，以规范施工技术的操作和应用，从而发挥施工技术的重要作用，提高水利水电工程的施工质量。有效的水利水电施工技术，能推动我国水利水电工程事业的发展，加快水利水电工程的建设步伐。

本书由盛菲、黄举、魏伟、韩建军负责编写，秦佳佳、郭耀华、王银胜、何凤霞、李明扬、李有冬、郑皓源、胡俊杰、石伟辰、赵珊珊、赵晓林、郭佳静、方寿军、吴广、黄永刚、姜慧、周双对整理书稿亦有贡献。

本书在注重基础知识的同时，结合水利水电工程施工的实际，在编写过程中突出实用性，力求为水利水电工程施工技术人才的培养起到推动作用。

笔者
2024 年 9 月

目　录

第一章　水利水电工程建设

第一节　水利水电工程建设概述

一、水利水电工程建设程序

划分工程建设程序是指从设想、规划、设计、施工到竣工验收、投入生产运行整个建设过程中，各项工作必须遵循的先后次序。水利水电工程建设由于工作内容不同，其程序从开始到终结可分为不同的阶段。一般而言，它可分为规划、设计、实施、运营四个阶段。

我国水利行业和电力行业设计阶段的划分略有不同，但主要内容均包含其中。例如，水利工程（水利行业）设计阶段一般分为项目建议书、可行性研究报告、初步设计、招标设计和施工图设计五个阶段；水电工程（电力行业）设计阶段划分为预可行性研究报告、项目建议书、可行性研究报告、招标设计、施工详图设计等阶段。下面以水电工程为例介绍各设计阶段的主要内容。

二、各设计阶段的主要内容

（一）预可行性研究报告的主要内容

水电工程预可行性研究报告的编制，应在江河流域综合利用规划或河流（河段）水电规划以及电网电源规划（以下统称规划）的基础上进行，贯彻国家有关方针、政策、法令，还应符合有关技术规程、规范的要求。

水电工程预可行性研究报告的主要内容与项目建议书阶段基本相同，但各项工作的深度不同，随着工作深度的增加，要求更高、更具体。

水电工程预可行性研究报告的编制按概述、建设必要性及工程开发任务、水文、工程地质、工程规模、水库淹没、环境影响、枢纽工程、机电及金属结构、施工、投资估算及资金筹措设想和经济初步评价的顺序依次编排。

（二）项目建议书的主要内容

项目建议书是在预可行性研究报告之后的阶段性设计工作，是在江河流域综合利用规划之后，或河流（河段）水电规划以及电网电源规划基础上进行的设计阶段。编制项目建议书须结合资源情况、建设布局等条件要求，经过调查、预测和分析，向国家计划部门或行业主管部门提出投资建设项目建议。项目建议书是基本建设程序中的一个重要环节，是国家选择项目的依据。项目建议书经批准后，将作为项目列入国家中长期经济发展计划，是开展可行性研究工作的依据。对拟建项目的社会经济条件进行调查和开展必要的水文、地质勘测工作，主要任务是论证拟建工程在国民经济发展中的必要性、技术可行性、经济合理性。

项目建议书的编制，按总则，项目建设的必要性和任务，建设条件，建设规模，主要建筑物布置，工程施工，淹没、占地处理，环境影响，水土保持，工程管理，投资估算及资金筹措，经济评价和结论与建议的顺序依次编排。项目建议书的主要内容包括：河流概况及水文、气象等基本资料的分析；工程地质与建筑材料的评价；工程规模、综合利用及环境影响的论证；初步选择坝址、坝型与枢纽建筑物的布置方案；简述土地征用、移民专项设施内容；初拟主体工程的施工方法，进行施工总体布置；估算工程总投资，工程效益的分析和经济评价等。项目建议书阶段的成果，为国家和有关部门做出投资决策及筹措资金提供基本依据。

（三）可行性研究报告（含原有的初步设计阶段）的主要内容

项目建议书经批准后，应紧接着进行可行性研究。可行性研究报告的主要内容包括：对水文、气象、工程地质以及天然建筑材料等基本资料做进一步分析与评价；论证该工程及主要建筑物的等级；进行水文水利计算，确定水库的各种特征水位及流量，选择电站的装机容量和主要机电设备；论证并选定坝址、坝轴线、坝型、枢纽总体布置及其他主要建筑物的结构形式和轮廓尺寸；选择施工导流方案，进行施工方法、施工进度和总体布置的设计，提出主要建筑材料、施工机械设备、劳动力、供水、供电的数量和供应计划；进行环境影响评价，提出水库移民安置规划，进行水土保持、水资源评价等专项工作，提出工程总概算；进行经济技术分析，阐明工程效益。此外，要提交可行性研究的设计文件，包括文字说明和设计图纸及有关附件，并以《水利水电工程初步设计报告编制规程》（DL 5021—93）为准编制可行性研究报告。

编制可行性研究报告时，应对工程项目的建设条件进行调查和必要的勘测，在可靠资料的基础上进行方案比较，从技术、经济、社会、环境、土地征用及移民等方面进行全面分析论证，提出可行性评价。可行性研究报告阶段尚应进行环境影响评价、水土保持、水资源评价等专项审查。可行性研究报告经批准后是确定建设项目、编制初步设计文件的依据。

可行性研究报告的主要内容与预可行性研究报告、项目建议书阶段基本相同，但各项工作的深度不同，要求也更高、更具体，这里不再列出。

可行性研究报告的编制按综合说明、水文、工程地质、工程任务和规模、工程选址、工程总布置及主要建筑物、机电及金属结构、工程管理、施工组织设计、水库淹没处理及工程永久占地、环境影响评价、工程投资估算和经济评价的顺序依次编排。

（四）招标设计的主要内容

招标设计是在批准的可行性研究报告的基础上，将确定的工程设计方案进一步具体化，详细定出总体布置和各建筑物的轮廓尺寸、材料类型、工艺要求和技术要求等。其设计深度要求做到可以根据招标设计图较准确地计算出各种建筑材料的规格、品种和数量，混凝土浇筑、土石方填筑和各类开挖、回填的工程量，各类机械、电气和永久设备的安装工程量等。根据招标设计图所确定的各类工程量、技术要求以及施工进度计划，监理工程师可以进行施工规划并编制出工程概算，作为编制标底的依据；编标单位则可以据此编制招标文件，包括合同的一般条款、特殊条款、技术规程和各项工程的工程量表，满足以固定单价合同形式进行招标的需要；施工招标单位也可据此编制施工方案并进行投标报价。

（五）施工详图设计阶段的主要内容

施工详图设计是在初步设计和投标设计的基础上，针对各项工程具体施工要求，绘制施工详图。施工详图设计的主要内容是：进行建筑物的结构和细部构造设计；进一步研究和确定地基处理方案；确定施工总体布置和施工方法，编制施工进度计划和施工预算等；提出整个工程分项分部的施工、制造、安装详图；提出工艺技术要求等。施工详图是工程施工的依据。

在上述各阶段的设计中，必须有和各设计阶段精度相适应的勘测调查资料。这些资料包括以下内容。

1.社会经济资料

包括：枢纽建成后库区的淹没范围及移民、房屋拆迁等；枢纽上下游的工业、农业、交通运输等方面的社会经济情况；供电对象的分布及用电要求；灌区分布及用水要求；通航、过木、过鱼等方面的要求；施工过程中的交通运输、劳动力、施工机械、动力等方面的供应情况。

2.勘测资料

包括：水库和坝区地形图、水库范围内的河道纵断面图、拟建的建筑物地段的横断面图等；河道的水位、流量、洪水、泥沙等水文资料；库区及坝区的气温、降雨、蒸发、风向、风速等气象资料；岩层分布、地质构造、岩石及土壤性质、地震、天然建筑材料等的工程地质资料；地基透水层与不透水层的分布情况、地下水情况、地基渗透系数等水文地质资料。

需要指出的是，工程地质条件直接影响到水利枢纽和水工建筑物的安全，对整个枢纽造价和施工期限有决定性的影响。但是地质构造中的一些复杂问题，常因勘探工作不足而没有彻底查清，造成隐患。有些工程在地基开挖以后才发现地质情况复杂，需要进行的地基处理工作十分困难和昂贵，以致工期一再延长；有的甚至被迫停工或放弃原定坝址，造成严重的经济损失。有些工程由于未发现库区的严重漏水问题，致使建成后影响水库蓄水；也有些工程由于库区或坝址的地质问题而失事，造成严重的后果。这些教训应引起对工程地质问题的足够重视。水文资料同样是十分重要的，如果缺乏可靠的水文资料或对资料缺乏正确的分析，就有可能导致对水利资源的开发在经济上不够合理。更严重的是，有可能把坝的高度或泄洪能力设计得偏小，以致在运行期间洪水漫过坝顶，造成严重失事。对于多沙河流，如果对泥沙问题估计不足，就有可能在坝建成后不久便把水库淤满，使水库失去应有的作用。因此，枢纽设计必须十分重视各项基本资料。

科学试验往往是大中型水利枢纽设计的重要组成部分。枢纽中有许多重大技术问题常需通过现场或室内实验提出论证，才能得到解决。比如，对枢纽布置方案、坝下消能方案以及施工导流方法等往往要进行水工水力学模型试验；多沙河流上的库区淤积和河床演变也要借助实验来分析研究；建筑物地基的岩体或土壤的物理力学性质，如抗剪强度、渗透特性、弹性模量、岩体弹性抗力、地应力、岸坡稳定性等要由现场勘探和室内试验配合提供设计数据；大坝和水电站厂房等主要建筑物的结构强度、稳定性有时也需要由静态和动态结构模型试验来加以分析论证。

三、水利水电工程概算

水利水电工程概算由工程部分、移民和环境部分构成。其中，工程部分包括建筑工程、机电设备及安装工程、金属结构设备及安装工程、施工临时工程、独立费用；移民和环境部分包括水库移民征地补偿、水土保持工程、环境保护工程。其划分的各级项目执行《水利水电工程建设征地移民补偿投资概（估）算编制规定》《水利工程设计概（估）算编制规定》《水土保持工程概（估）算编制规定》。

工程概算文件由概算正件和概算附件两部分组成。概算正件和概算附件均应单独成册并随初步设计文件报审。

概算正件包括编制说明和工程部分概算表两部分。其中，编制说明包括工程概况、投资主要指标、编制原则和依据、概算编制中其他应说明的问题、主要技术经济指标表、工程概算总表；工程部分概算表包括各类概算表及其附表。概算附件主要包括人工预算单价计算表，主要材料预算价格计算表，施工用电、水、风价格计算书，沙石料、混凝土材料单价计算书，建筑工程、安装工程单价表，价差预备费计算表等计算表或计算书。

工程总投资又分静态总投资和总投资。静态总投资为建筑工程、机电设备及安装工程、金属结构设备及安装工程、施工临时工程、独立费用投资及基本预备费之和。总投资为建筑工程、机电设备及安装工程、金属结构设备及安装工程、施工临时工程、独立费用、基本预备费、价差预备费、建设期融资利息之和，即静态总投资、价差预备费、建设期融资利息之和。

第二节　水利水电工程施工组织设计

水利水电工程施工组织设计一般包括施工条件及其分析，施工导流，料场的选择与开采，主体工程施工，施工交通运输，施工工厂设施，施工总布置，施工总进度，主要材料、设备供应分析等。

一、施工条件及其分析

施工条件包括工程条件、自然条件、物质资源供应条件以及社会经济条件等。例如，工程所在地对外交通条件，上下游可以利用的场地面积和利用条件；选定方案枢纽建筑物的组成、形式、主要尺寸和工程量，工程的施工特点以及与其他有关单位的施工协调；施工期间通航、过木、供水、环保及其他特殊要求；主要建筑材料及工程施工中所用大宗材料的来源和供应条件；当地水源、电源的情况；一般洪水及枯水季节的时段、各种频率的流量及洪峰流量、水位与流量关系、冬季冰凌情况及开河特性、洪水特征、施工区支沟各种频率洪水、泥石流以及上下游水利水电工程对本工程施工的影响；地形、地质条件以及气温、水温、地温、降水、冰冻层、冰情和雾的特性；承包市场的情况；国家、地方或部门对本工程施工准备、工期要求；等等。

施工条件分析须在简要阐明上述条件的基础上，着重分析它们对工程施工可能带来的影响和后果。

二、施工导流

施工导流设计应在综合分析导流条件的基础上，确定导流标准，划分导流时段，明确施工分期，选择导流方案、导流方式和导流建筑物，进行导流建筑物的设计，提出导流建筑物的施工安排，拟定截流、度汛、拦洪、排冰、通航、过木、下闸封堵、供水、蓄水、发电等计划。

三、料场的选择与开采

在选择料场时，要根据详查要求分析混凝土骨料（天然和人工料）、石料、土料等各料场的分布、储量、质量、开采运输及加工条件、开采获得率和开挖弃淹利用率及其主要技术参数，进行混凝土和填筑料的设计和试验研究，通过技术、经济比较选定料场。在料场开采时，经方案比较，提出选定料场的料物开采、运输、堆存、设备选择、加工工艺、废料处理、环境保护等设计；说明掺和料的料源选择并附试验成果，提出选定的运输、储存和加工系统。

四、主体工程施工

主体工程包括挡水、泄水、引水、发电、通航等主要建筑物，应根据各自的施工条件，对施工程序、施工方法、施工强度、施工布置、施工进度和施工机械等问题进行分析、比较和选择。必要时，对其中的关键技术问题，如特殊的基础处理、大体积混凝土温度控制、坝体临时度汛、拦洪及特殊爆破、喷锚等问题做出专门的设计和论证。

对于有机电设备和金属结构安装任务的工程项目，应对主要机电设备和金属结构，如水轮发电机组、升压输变电设备、闸门、启闭设备等的加工、制作、运输、拼装、吊装以及土建工程与安装工程的施工顺序等问题做出相应的设计和论证。

五、施工交通运输

施工交通运输分对外交通运输和场内交通运输。

对外交通运输：原有对外水陆交通情况，包括线路状况、运输能力、近期拟建的交通设施、计划运营时间和水陆联运条件等资料；本工程对外运输总量、逐年运输量、平均昼夜运输强度以及重大部件的运输要求；选定方案的线路标准（包括新建或改建），说明转运站、桥涵、隧洞、渡口、码头、仓库和装卸设施的规划布置以及重大部件的运输措施，水陆联运及与国家干线的连接方案以及对外交通工程的施工进度安排；施工期间过坝交通运输方案。

场内交通运输：场内主要交通干线的运输量和运输强度；场内交通主要线路的规划、布置和标准；场内交通运输线路、工程设施和工程量。

六、施工工厂设施

施工工厂设施，如混凝土骨料开采加工系统、土石料场和土石料加工系统、混凝土拌和及制冷系统、机械修配系统、汽车修配厂、钢筋加工厂、预制构件厂及风、水、电、通信、照明系统等，均应根据施工的任务和要求，分别确定各自位置、规模、设备容量、生产工艺、工艺设备、平面布置、占地面积、建筑面积和土建安装工程量，提出土建安装进度和分期投产的计划。大型临建工程，如施工栈桥、过河桥梁、缆机平台等，要做出专门设计，确定其工程量和施工进度安排。

七、施工总布置

施工总布置的主要任务是根据施工场区的地形地貌、枢纽主要建筑物的施工方案、各项临建设施的布置要求，对施工场地进行分期、分区和分标规划，确定分期、分区布置方案和各承包单位的场地范围，对土石方的开挖、堆料、弃料和填筑进行综合平衡，提出各类房屋分区布置一览表，估计用地和施工征地面积，提出用地计划，研究施工期间的环境保护和植被恢复的可能性。

八、施工总进度

施工总进度的安排必须符合国家对工程投产所提出的要求。为了合理安排施工进度，必须仔细分析工程规模、导流程序、对外交通、资源供应、临建准备等各项控制因素，拟定整个工程，包括准备工程、主体工程和结束工作在内的施工总进度，确定项目的起讫日期和相互之间的衔接关系；对导流截流、拦洪度汛、封孔蓄水、供水发电等控制环节，工程应达到的形象面貌，须做出专门的论证；对土石方、混凝土等主要工种的施工强度，对劳动力、主要建筑材料、主要机械设备的需用量，要进行综合平衡；要分析施工工期和工程费用的关系，提出合理工期的推荐意见。

九、主要材料、设备供应分析

根据施工总进度的安排和定额资料的分析，对主要建筑材料（如钢材、钢筋、木材、水泥、粉煤灰、油料、炸药等）和主要施工机械设备，列出总需要量和分年需要量计划。

根据上述各项的综合分析，进行施工组织设计、安排施工进度表、编制施工组织设计文件、施工详图等，并将其作为施工的依据。

第三节　水利工程施工导截流工程

一、施工导截流的设计标准

（一）导流设计标准

在建筑物的全部施工过程中，导流不但贯穿始终，而且是整个水流控制问题的核心。所以，在进行施工导流设计时，应根据工程的基本资料，拟定可能选用的导流方式，确定导流设计标准、划分导流时段，确定设计施工流量，着手导流方案布置，进行导流的水力计算，确定导流拦水和泄水建筑物的位置和尺寸，通过技术、经济比较，选定技术上可靠、经济上合理的导流方案。

导流设计流量的大小取决于导流设计的洪水频率标准，通常也简称为导流设计标准。我国所采用的导流标准是根据现行《水利水电工标施工组织设计规范（试行）》（SDJ 338-89），按导流建筑物的保护对象、失事后果、使用年限和工程规模等指标，将导流建筑物划分为Ⅲ～Ⅴ级，再根据导流建筑物的级别和类型，在规定幅度内选定相应的洪水标准。

（二）截流设计标准

在施工过程中，为保证各个施工项目的顺利进行，根据水文、地质、建筑物类型、布置以及施工能力等，合理选择、确定截流日期和截流设计流量是极为重要的。截流日期的选择应该既要把握截流时机，选择在最枯流量时段进行，又要为后续的基坑工作和主要建筑物施工留有余地，不能影响整个工程的施工进度。

截流日期多选在枯水期初，流量已有明显下降的时候，而不一定选在流量最小的时刻。为了估计在此时段内可能发生的水情，做好截流的准备，须选择合理的截流设计流量。

二、施工导截流方式

（一）施工导流及导流方式

在河流上修建水利水电工程时，为了使水工建筑物能在干地上进行施工，需要用围堰围护基坑，并将河水引向预定的泄水通道往下游宣泄（导流）。

水利水电工程施工中经常采用的围堰，按其所使用的材料，可以分为土石围堰、草土围堰、钢板桩格型围堰和混凝土围堰等。

按围堰与水流方向的相对位置，可以分为横向围堰和纵向围堰。

按导流期间基坑淹没条件，可以分为过水围堰和不过水围堰。过水围堰除需要满足一般围堰的基本要求外，还要满足堰顶过水的专门要求。

选择围堰型式时，必须根据当时当地的具体条件，通过技术、经济比较加以选定。

导流的基本方法大体上可分为两类：

1.分段围堰法导流

水流分段围堰法亦称分期围堰法，就是用围堰将水工建筑物分段分期围护起来进行施工的方法。所谓分段，就是在空间上用围堰将建筑物分成若干施工段进行施工。

2.全段围堰法导流

全段围堰法导流，就是在河床主体工程的上下游各建一道拦河围堰，使河水经河床以外的临时泄水道或永久泄水建筑物下泄，主体工程建成或接近建成时，再将临时泄水道封堵。

在实际工作中，由于枢纽布置和建筑物形式的不同以及施工条件的影响，因此必须灵活应用，进行恰当的组合，才能比较合理地解决工程在整个施工期间的施工导流问题。

（二）截流及其方式

在施工导流中，截断原河床水流，才能最终把河水引向导流泄水建筑物下泄，在河床中全面开展主体建筑物的施工。截流实际上是在河床中修筑横向围堰工作的一部分。在大江大河中截流是一项难度比较大的工作。一般来说，截流施工的过程为：先在河床的一侧或两侧向河床中填筑截流戗堤，这种向水中筑堤的工作叫作进占。戗堤填筑到一定程度，把河床束窄，形成了流速较大的龙口。封堵龙口的工作称为合龙。在合龙开始以前，为了防止龙口河床或戗堤端部被冲毁，须采取防冲措施对龙口加固。合龙以后，龙口部位的戗堤虽已高出水面，但其本身依然漏水，因此须在其迎水面设置防渗设施。在戗堤全线上设置防渗设施的工作叫闭气。所以，整个截流过程包括戗堤的进占、龙口范围的加固、合龙和闭气等工作。截流以后，再在这个基础上对戗堤进行加高培厚，修成围堰。

截流在施工导流中占有重要的地位，如果截流不能按时完成，就会延误整个河床部分建筑物的开工日期；如果截流失败，失去了以水文年计算的良好截流时机，则可能拖延工期达一年。所以，在施工导流中常把截流看作一个关键性问题，它是影响施工进度的控制性项目。

立堵法截流是将截流材料从龙口一端向另一端或从两端向中间抛进占，逐渐束窄龙口，直至全部拦断。

平堵法截流先要在龙口架设浮桥或栈桥，用自卸汽车沿龙口全线从浮桥或栈桥上均匀地逐层抛填截流材料，直至戗堤高出水面为止。

截流设计时，应根据施工条件，充分研究两种方法对截流工作的影响，通过试验研究和分析比较来选定。有的工程亦有先用立堵法进占，而后在小范围龙口内用平堵法截流，称为立平堵法。严格说来，平堵法都先以立堵进占开始，而后平堵，类似立平堵法，不过立平堵法的龙口较窄。

截流戗堤一般是围堰堰体的一部分，截流是修建围堰的先决条件，也是围堰施工的第一道工序。如果截流不能按时完成，将制约围堰施工，直接影响围堰度汛的安全，并将延误永久建筑物的施工工期。

第四节　水利工程项目管理

一、水利工程项目管理的概念

（一）项目

所谓项目就是在一定的约束条件下，具有特定目标的一次性事业（或活动）。它具有三个特征。

1.目标性

项目的目标分为成果性目标和约束性目标两类。前者是指活动的最终结果，如水利工程项目的库容、发电量、防洪能力、供水能力等；后者是指活动过程中的控制目标，包括费用目标、质量目标、时间目标等。后者为前者的基础。

2.一次性或单件性

该特征是指项目活动从内容、过程到资源投入都是独一无二的，其结果也是唯一的。项目的这个特征可用以区别于其他诸如车间流水生产线等大批量的人类生产活动。此项特征作为项目最重要的特征，其目的在于要重视项目过程各阶段的目标设计与控制。

3.系统性

项目的系统性表现在以下几个方面：①结构系统。任何一个项目都可以进行结构分解，例如水利水电工程可以逐级分解为许多单位工程、分部工程、分项工程、单元工程，直至每道工序。②目标系统。约束性目标可随结构分解而分解；项目的成果性目标之间也相互关联、相互制约，构成目标系统。③组织系统。项目一般由多个单位（组织）参与，每一个单位的人员都通过"组织"的手段进行分工和管理。④过程系统。任何一个项目，从其产生到终结，都有其特定的过程。

项目的过程由若干个连续的阶段组成，每一个阶段的结束即意味着下一个阶段的开始，或者说上一阶段是下一阶段的前提。

在人类的各项活动中，符合上述内涵和特征的活动是很多的。从不同的角度，项目可以分为许多种类。

按项目成果的内容，项目可分为开发项目、科研项目、规划项目、建设工程项目、社会项目（如希望工程、申办奥运、社会调查、运动会、培训）等。

按项目所处的阶段，项目可分为筹建项目，规划、勘察、设计项目，施工项目，评价项目等。

按项目的效益类型，项目可分为生产经营性项目、有偿服务性项目、社会效益性项目。

按项目实施的内容，项目可分为土建项目、金属结构安装项目、技术咨询服务项目等。

按专业（行业）性质，项目可分为水利、电力、市政、交通、供水、人力资源开发、环境保护等项目。

从不同角度看，工程建设项目可分为新建、扩建、重建、迁建、恢复或维修等项目；按规模又可分为大型、中型、小型等项目。

对项目进行分类的目的，在于通过具体界定活动的内容及其目标，从而为规划、设计、施工、运行等过程实施管理奠定基础。

（二）项目管理

项目管理是指在项目生命周期内所进行的有效的规划、组织、协调、控制等系统的管理活动，其目的是在一定的约束条件下（如动工时间、质量要求、投资总额等）最优地实现项目目标。

项目管理的特征与项目的性质密切相关，主要有以下特性：

1. 目标明确

项目管理的最终目的就是高效率地实现预定的项目目标。项目目标是项目管理的出发点和归宿。它既是项目管理的中心，也是检验项目管理成败的标准。

2. 计划管理

项目管理应围绕其基本目标，针对每一项活动的期限、资源投入、质量水平做出详细规定，并在实施中加以控制、执行。

3. 系统管理

项目管理是一种系统管理方法，这是由项目的系统性所决定的。项目是一个复杂的开放系统，对项目进行管理，必须从系统的角度出发，统筹协调项目实施的全过程、全部目标和项目有关各方的活动。

4.动态管理

由于项目人员和资源组织的临时性、项目内容的复杂性和项目影响因素的多变性，项目的执行计划应根据变化的情况及时做出调整，围绕项目目标实施动态管理。

在项目管理发展的过程中，项目管理的内容也一直处于不断更新和丰富中，其内涵也在不断地拓宽，并从管理的技能和手段上升为一门学科——项目管理学。从现代的观点来看，项目管理的内容涉及项目范围管理、项目时间管理、项目费用管理、项目质量管理、项目人力资源管理、项目沟通管理、项目风险管理、项目采购管理等。

二、工程项目建设管理

（一）项目法人责任制

法人是具有民事权利能力和民事行为能力，依法独立享有民事权利和承担民事义务的组织。法人是由法律创设的民事主体，是组织在法律上的人格化。实行项目法人责任制是适应发展社会主义市场经济、转换项目建设与经营体制、提高投资效益、实现我国建设管理模式与国际接轨、在项目建设与经营全过程中运用现代企业制度进行管理的一项具有战略意义的重大改革措施。

根据水利行业特点和建设项目不同的社会效益、经济效益和市场需求等情况，将建设项目划分为社会公益性、有偿服务性、生产经营性三类。新开工的生产经营性项目原则上都要实行项目法人责任制，其他类型项目应积极创造条件，实行项目法人责任制。

（二）招标投标制

招标投标是最富有竞争性的一种采购方式，能为采购者带来经济、质量、货物或服务。我国推行工程建设招标投标制是为了适应社会主义市场经济的需要，促使建筑市场各主体之间进行公平交易、平等竞争，以确保建设项目质量、建设工期和建设投资计划。

（三）建设监理制

建设监理是自20世纪80年代以来、随着对外开放和建设领域体制改革，从西方发达国家引进的一种新的建设项目管理模式，在建设单位和施工单位之间引入公正的、独立的第三方——监理单位，对工程建设的质量、工期和费用实施有效控制。建设监理的实施和建设监理制的建立对规范我国建筑市场、提高工程质量和项目投资效益具有重大的意义。《水利工程建设监理规定》明确确定，在我国境内的大中型水利工程建设项目必须实施建设监理。

三、工程（运行）管理

水利建设项目分为三类：

一是社会公益性项目，包括防洪、防潮、治涝等工程，投资以国家（包括中央和地方）为主，主要使用财政拨款（包括国家预算内投资、水利建设基金、国家农发基金、以工代赈等无偿使用资金），对有条件的经济发达地区亦可使用贷款进行建设。对此类项目，要明确具体的政府机构或社会公益机构作为责任主体，对项目建设的全过程负责并承担风险。

二是有偿服务性项目，包括灌溉、水运等工程，投资以地方政府和受益部门、集体及农户为主，主要使用部门拨款、拨改贷、贴息贷款和农业开发基金，大型重点工程也可争取利用外资。

三是生产经营性项目，包括城市、乡镇供水和以发电为主的水电站工程，按社会主义市场经济的要求，以受益地区或部门为投资主体，资金用贷款、发行债券或自筹解决。这一类项目必须实行项目法人责任制和资本金制度，资本金率按国家有关规定执行。

相应地，水管单位的性质也分为公益性、准公益性和经营性三类，其性质界定主要依据水利工程建成后的效益情况。若水管单位的效益主要是社会效益和环境效益，则属于公益性的。若水管单位的效益以社会效益为主，同时可以获得一定的经济效益，但是其运行成本只能部分获得补偿，则属于准公益性的。若水管单位的效益以经济效益为主，则属于经营性的。

水管单位可以根据其职能进行细分，像工业及城市生活用水为主或带有水电装机的水库，效益普遍较好，可以作为经营性的单位，其资产可以界定为经营性资产，这部分水利资产最具吸引力。像农业供水的水库、灌区、受益范围明确的排灌站有经营的性质，但其服务价格由于受到服务对象的限制，通常称为有偿服务型单位。这类单位视经营情况效益有所差别，但是大部分由于水价偏低而难于维持，迫切需要通过产权改革来强化经营管理。以防洪为主的水库，受益范围不明显的大型排灌站、闸坝、堤防等以公益性职能为主，没有其他条件的，难以靠自身经营维持良性循环，其产权安排以公有产权为好。

水利公益性资产主要是依靠政府资金投入形成的，主要产生社会效益，本身并不给投资者带来直接经济效益，其运行维护的费用也主要依靠政府建立相应的补偿机制提供，非政府资金一般不会也不愿意投入其中。这部分资产的所有权基本上是国家的，它的产权改革不会涉及所有权，基本上是在承包经营范围内的选择。

水利经营性资产是讲求回报的，自身产生经济效益，以自身产生的经济效益来维持和发展。由于自身产生经济效益，在项目合适的情形下，非政府资金也愿意投资，它的产权改革可以涉及所有权的改变、流动和重组。因此，这一部分资产的产权改革可以选择的形式就更为广泛，可以视具体情况在国有独资、股份制、股份合作制、租赁、承包经营、破产、拍卖等形式之间选择。

部分水利资产兼具公益性和经营性，应将公益性和经营性资产进行合理的界定和细分，依细分后的资产特性来进行选择。公益性部分仍属国家所有，并建立相应的补偿机制；经营性部分则可以采取灵活多样的产权组织形式。公益性和经营性难以准确界定和细分的，原则上视同于公益性资产。

第二章 水利水电工程施工安全管理

第一节 水利水电工程施工安全概述

一、安全生产管理的概念

安全生产是指生产过程处于避免人身伤害、设备损坏及其他不可接受的损害风险（危险）的状态。不可接受的损害风险（危险）是指超出了法律、法规和规章的要求，超出了方针、目标和企业规定的其他要求，超出了人们普遍接受的要求。建筑工程安全生产管理是指建设行政主管部门、建筑安全监督管理机构、建筑施工企业及有关单位对建筑安全生产过程中的安全工作，进行计划、组织、指挥、控制、监督、调节和改进等一系列致力于满足生产安全的管理活动。

（一）建筑工程安全生产管理的特点

1.安全生产管理涉及面广、涉及单位多

由于建筑工程规模大，生产工艺复杂、工序多，在建造过程中流动作业多、高处作业多，作业位置多变，遇到不确定因素多，所以安全生产管理工作涉及范围大、涉及面广。安全生产管理不仅是施工单位的责任，建设单位、勘察设计单位、监理单位也要为安全管理承担相应的责任和义务。

2.安全生产管理的动态性

①由于建筑工程项目的单件性，使得每项工程所处的条件不同，所面临的危险因素和防范也会有所改变。②工程项目的分散性。施工人员在施工过程中，分散于施工现场的各个部位，当他们面对各种具体的生产问题时，一般依靠自己的经验和知识进行判断并做出决定，从而增加了施工过程中由不安全行为而导致事

故的风险。

3.安全生产管理的交叉性

建筑工程项目是开放系统，受自然环境和社会环境影响很大，安全生产管理需要把工程系统、环境系统及社会系统相结合。

4.安全生产管理的严谨性

安全状态具有触发性，安全生产管理措施必须严谨，一旦失控，就会造成损失和伤害。

（二）建筑工程安全生产管理的方针

"安全第一"是建筑工程安全生产管理的原则和目标，"预防为主"是实现安全第一的最重要手段。

（三）建筑工程安全生产管理的原则

1."管生产必须管安全"的原则

一切从事生产、经营的单位和管理部门都必须管安全，全面开展安全工作。

2."安全具有否决权"的原则

安全生产管理工作是衡量企业经营管理工作好坏的一项基本内容，在对企业进行各项指标考核时，必须首先考虑安全指标的完成情况。安全生产指标具有一票否决的作用。

3.职业、安全、卫生"三同时"的原则

"三同时"是指建筑工程项目的职业病防护设施，必须与主体工程同时设计、同时施工、同时投入生产和使用。

（四）事故处理"四不放过"的原则

①事故原因分析不清不放过；②事故责任者和群众没有受到教育不放过；③没有采取防范措施不放过；④事故责任者没有受到处理不放过。

（五）安全生产管理体制

当前我国的安全生产管理体制是"企业负责、行业管理、国家监察和群众监督、劳动者遵章守法"。

（六）安全生产责任制度

安全生产责任制度是建筑生产中最基本的安全管理制度，是所有安全规章制度的核心。安全生产责任制度是指将各种不同的安全责任落实到具体安全管理的人员和具体岗位人员身上的一种制度。这一制度是安全第一、预防为主的具体体现，是建筑安全生产的基本制度。

（七）安全生产目标管理

安全生产目标管理就是根据建筑施工企业的总体规划要求，制定出在一定时期内安全生产方面所要达到的预期目标并组织实现此目标。其基本内容是确定目标、目标分解、执行目标、检查总结。

（八）施工组织设计

施工组织设计是组织建设工程施工的纲领性文件，是指导施工准备和组织施工的全面性的技术、经济文件，是指导现场施工的规范性文件。施工组织设计必须在施工准备阶段完成。

（九）安全技术措施

安全技术措施是指为防止工伤事故和职业病的危害，从技术上采取的措施。在工程施工中，安全技术措施是指针对工程特点、环境条件、劳力组织、作业方法、施工机械、供电设施等制定的确保安全施工的措施。

安全技术措施也是建设工程项目管理实施规划或施工组织设计的重要组成部分。

（十）安全技术交底

安全技术交底是落实安全技术措施及安全管理事项的重要手段之一。重大安全技术措施及重要部位的安全技术由公司负责人向项目经理部技术负责人进行书面的安全技术交底；一般安全技术措施及施工现场应注意的安全事项由项目经理部技术负责人向施工作业班组、作业人员做出详细说明，并经双方签字认可。

（十一）安全教育

安全教育是实现安全生产的一项重要基础工作，它可以提高职工搞好安全生产的自觉性、积极性和创造性，增强安全意识，掌握安全知识，提高职工的自我防护能力，使安全规章制度得到贯彻执行。安全教育培训的主要内容有安全生产思想、安全知识、安全技能、安全操作规程标准、安全法规、劳动保护和典型事例。

（十二）班组安全活动

班组安全活动是指在上班前由班组长组织并主持，根据本班目前工作内容，重点介绍安全注意事项、安全操作要点，以达到组员在班前掌握安全操作要领，提高安全防范意识，减少事故发生的活动。

（十三）特种作业

特种作业是指在劳动过程中容易发生伤亡事故，对操作者本人，尤其对他人和周围设施的安全有重大危害因素的作业。直接从事特种作业者，称特种作业人员。

（十四）安全检查

安全检查是指建设行政主管部门、施工企业安全生产管理部门或项目经理，对施工企业和工程项目经理部贯彻国家安全生产法律及法规的情况、安全生产情况、劳动条件、事故隐患等进行的检查。

（十五）安全事故

安全事故是人们在进行有目的的活动中，发生了违背人们意愿的不幸事件，使其有目的的行动暂时或永久地停止。重大安全事故，是指在施工过程中由于责任过失造成工程倒塌或废弃、机械设备破坏和安全设施失当造成人身伤亡或者重大经济损失的事故。

（十六）安全评价

安全评价是采用系统、科学方法，辨别和分析系统存在的危险性并根据其形成事故的风险大小，采取相应的安全措施，以达到系统安全的过程。安全评价的基本内容有识别危险源、评价风险、采取措施，直到达到安全目标。

（十七）安全标志

安全标志由安全色、几何图形符号构成，以此表达特定的安全信息。其目的是引起人们对不安全因素的注意，预防事故的发生。安全标志分为禁止标志、警告标志、指令标志、提示性标志四类。

二、工程施工特点

建筑业的生产活动危险性大，不安全因素多，是事故多发行业。建筑施工的特点主要是：①工程建设最大的特点就是产品固定，这是它不同于其他行业的根本点，建筑产品是固定的，体积大、生产周期长。建筑物一旦施工完毕就固定了，生产活动都是围绕着建筑物、构筑物来进行的，有限的场地上集中了大量的人员、建筑材料、设备零部件和施工机具等，这样的情况可以持续几个月或一年，有的甚至需要七八年，工程才能完成。②高处作业多，工人常年在室外操作。一栋建筑物从基础、主体结构到屋面工程、室外装修等，露天作业约占整个工程的70%。工作条件差，且受到气候条件多变的影响。③手工操作多，繁重的劳动消耗大量体力。建筑业是劳动密集型的传统行业之一，大多数工种需要手工操作。④现场变化大。每栋建筑物从基础、主体到装修，每道工序都不同，不安全因素也就不同，即使同一工序由于施工工艺和施工方法不同，生产过程也不同。而随着工程进度的推进，施工现场的施工状况和不安全因素也随之变化。为了完成施工任务，要采取很多临时性措施。

建筑施工复杂，加上流动分散、工期不固定，比较容易形成临时观念，不采取可靠的安全防护措施，存在侥幸心理，伤亡事故必然频繁发生。

第二节　水利水电工程施工安全因素

事故潜在的不安全因素是造成人的伤害、物的损失事故的先决条件，各种人身伤害事故均离不开物与人这两个因素。人的不安全行为和物的不安全状态，是造成绝大部分事故的两个方面潜在的不安全因素，通常也可称作事故隐患。

一、安全因素的特点

安全是在人类生产过程中，将系统的运行状态对人类的生命、财产、环境可能产生的损害控制在人类能接受水平以下的状态。安全因素是指在某一指定范围内与安全有关的因素。水利水电工程施工安全因素有以下特点：①安全因素的确定取决于所选的分析范围，此处分析范围可以指整个工程，也可以指具体工程的某一施工过程或者某一部分的施工，例如围堰施工、升船机施工等。②安全因素的辨识依赖于对施工内容的了解，对工程危险源的分析以及运作安全风险评价的人员的安全工作经验。③安全因素具有针对性，并不是对于整个系统事无巨细地考虑，安全因素的选取具有一定的代表性和概括性。④安全因素具有灵活性，只要能对所分析的内容具有一定概括性，能达到系统分析的效果的，都可称为安全因素。⑤安全因素是进行安全风险评价的关键点，是构成评价系统框架的节点。

二、安全因素的辨识过程

安全因素是进行风险评价的基础，人们在辨识出的安全因素的基础上进行风险评价框架的构建。在进行水利水电工程施工安全因素的辨识时，首先，要对工程施工内容和施工危险源进行分析和了解；其次，要以整个工程为分析范围，从管理、施工人员、材料、危险控制等各个方面结合以往的安全分析危险，进行安全因素的辨识。

宏观安全因素辨识工作需要收集以下资料：

（一）工程所在区域状况

①本地区有无地震、洪水、浓雾、暴雨、雪害、龙卷风及特殊低温等自然灾害？②工程施工期间如发生火药爆炸、油库火灾爆炸等对邻近地区有何影响？③工

程施工过程中如发生大范围滑坡、塌方及其他意外情况，对行船、导流、行车等有无影响？④附近有无易燃、易爆、毒物泄漏的危险源，对本区域的影响如何？是否存在其他类型的危险源？⑤工程过程中排土、排渣是否会形成公害或对本工程及友邻工程进行产生不良影响？⑥公用设施如供水、供电等是否充足？重要设施有无备用电源？⑦本地区消防设备和人员是否充足？⑧本地区医院、救护车及救护人员等配置是否适当？有无现场紧急抢救措施？

（二）安全管理情况

①安全机构、安全人员设置满足安全生产要求与否？②怎样进行安全管理的计划、组织协调、检查、控制工作？③对施工队伍中各类用工人员是否实行了安全一体化管理？④有无安全考评及奖罚方面的措施？⑤如何进行事故处理？同类事故发生情况如何？⑥隐患整改如何？⑦是否制订有切实有效且操作性强的防灾计划？领导是否经常过问？关键性设备、设施是否定期进行试验、维护？⑧整个施工过程是否制定完善的操作规程和岗位责任制？实施状况如何？⑨程序性强的作业（如起吊作业）及关键性作业（如停送电、放炮）是否实行标准化作业？⑩是否进行在线安全训练？职工是否掌握必备的安全抢救常识和紧急避险、互救知识？

（三）施工措施安全情况

①是否设置了明显的工程界限标识？②有可能发生塌陷、滑坡、爆破飞石、吊物坠落等危险场所是否标定合适的安全范围并设有警示标志或信号？③友邻工程施工中在安全上相互影响的问题是如何解决的？④特殊危险作业是否规定了严格的安全措施？能强制实施否？⑤可能发生车辆伤害的路段是否设有合适的安全标志？⑥作业场所的通道是否良好？是否有滑倒、摔伤的危险？⑦所有用电设施是否按要求接地、接零？人员可能触及的带电部位是否采取有效的保护措施？⑧可能遭受雷击的场所是否采取了必要的防雷措施？⑨作业场所的照明、噪声、有毒有害气体浓度是否符合安全要求？⑩所使用的设备、设施、工具、附件、材料是否具有危险性？是否定期进行检查确认？有无检查记录？⑪作业场所是否存在冒顶片帮或坠井、掩埋的危险？曾经采取了何等措施？⑫登高作业是否采取了必要的安全措施（可靠的跳板、护栏、安全带等）？⑬防、排水设施是否符合安全要求？⑭劳动防护用品适应作业要求之情况，发放数量、质量、更换周期满足要求与否？

（四）油库、炸药库等易燃、易爆危险品

①危险品名称、数量、设计最大存放量？②危险品化学性质及其燃点、闪点、爆炸极限、毒性、腐蚀性等了解与否？③危险品存放方式（是否根据其用途及特性分开存放）？④危险品与其他设备、设施等之间的距离、爆破器材分放点之间是

否有殉爆的可能性？⑤存放场所的照明及电气设施的防爆、防雷、防静电情况如何？⑥存放场所的防火设施配置消防通道否？有无烟、火自动检测报警装置？⑦存放危险品的场所是否有专人24小时值班，有无具体岗位责任制和危险品管理制度？⑧危险品的运输、装卸、领用、加工、检验、销毁是否严格按照安全规定进行？⑨危险品运输、管理人员是否掌握火灾、爆炸等危险状况下的避险、自救、互救的知识？是否定期进行必要的训练？

（五）起重运输大型作业机械情况

①运输线路里程、路面结构、平交路口、防滑措施等情况如何？②指挥、信号系统情况如何？信息通道是否存在干扰？③人—机系统匹配有何问题？④设备检查、维护制度和执行情况如何？是否实行各层次的检查？周期多长？是否实行定期计划维修？周期多长？⑤司机是否经过作业适应性检查？⑥过去事故情况如何？

以上这些因素均是进行施工安全风险因素识别时需要考虑的主要因素。实际工程中需考虑的因素可能比上述因素还要多。

三、施工过程行为因素

（一）企业组织影响

企业（包括水电开发企业、施工承包单位、监理单位）组织层的差错属于最高级别的差错，它的影响通常是间接的、隐性的，因而常会被安全管理人员所忽视。在进行事故分析时，很难挖掘出企业组织层的缺陷；而一经发现，其改正的代价也很高，但是更能加强系统的安全。一般而言，组织影响包括三个方面。

1.资源管理

资源管理主要是指组织资源分配及维护决策存在的问题，如安全组织体系不完善、安全管理人员配备不足、资金设施等管理不当、过度削减与安全相关的经费（安全投入不足）等。

2.安全文化与氛围

安全文化与氛围可以定义为影响管理人员与作业人员绩效的多种变量，包括组织文化和政策，比如信息流通传递不畅、企业政策不公平、只奖不罚或滥奖、过于强调惩罚等都属于不良的文化与氛围。

3.组织流程

组织流程主要涉及组织经营过程中的行政决定和流程安排，如施工组织设计不完善、企业安全管理程序存在缺陷、制定的某些规章制度及标准不完善等。

其中，"安全文化与氛围"这一因素，虽然在提高安全绩效方面具有积极作用，但不好定性衡量，在事故案例报告中也未明确指明，而且在工程施工各类人员成分复杂的结构当中，其传播较难有一个清晰的脉络。为了简化分析过程，事故案例报告将该因素去除。

（二）安全监管

1.监督（培训）不充分

监督（培训）不充分是指监督者或组织者没有提供专业的指导、培训、监督等。若组织者没有提供充足的客户关系管理培训，或某个管理人员、作业人员没有这样的培训机会，则班组协同合作能力将会大受影响，出现差错的概率必然增加。

2.作业计划不适当

此项包括以下几种情况：班组人员配备不当，如没有职工带班、没有提供足够的休息时间、任务或工作负荷过量；整个班组的施工节奏以及作业安排由于赶工期等原因安排不当，会使得作业风险加大。

3.隐患未整改

此项是指管理者知道人员、培训、施工设施、环境等相关安全领域的不足或隐患之后，仍然允许其持续下去的情况。

4.管理违规

此项是指管理者或监督者有意违反现有的规章程序或安全操作规程，如允许没有资格、未取得相关特种作业证的人员作业等。

以上四项因素在事故案例报告中均有体现，虽然相互之间有关联，但各有差异、彼此独立，因此，均加以保留。

（三）不安全行为的前提条件

这一层级指出了直接导致不安全行为发生的主客观条件，包括作业人员状态、环境因素和人员因素。将"物理环境"改为"作业环境"，将"施工人员资源管理"改为"班组管理"，将"人员准备情况"改为"人员素质"。定义如下：

1.作业环境

作业环境既指操作环境（如气象、高度、地形等），也指施工人员周围的环境，如作业部位的高温、振动、照明、有害气体等。

2.技术措施

技术措施包括安全防护措施、安全设备和设施设计、安全技术交底的情况，以及作业程序指导书与施工安全技术方案等一系列情况。

3.班组管理

班组管理属于人员因素，常为许多不安全行为的产生创造前提条件。未认真开展"班前会"及搞好"预知危险活动";在施工作业过程中,安全管理人员、技术人员、施工人员等相互间信息沟通不畅、缺乏团队合作等问题属于班组管理不良。

4.人员素质

人员素质包括体力(精力)差、不良心理状态与不良生理状态等生理、心理素质,如精神疲劳,失去情境意识,工作中自满、安全警惕性差等属于不良心理状态;生病、身体疲劳或服用药物等引起生理状态差,当操作要求超出个人能力范围时会出现身体、智力局限,同时为安全埋下隐患,如视觉局限、休息时间不足、体能不适应等;没有遵守施工人员的休息要求、培训不足、滥用药物等属于个人准备情况的不足。

(四) 施工人员的不安全行为

人的不安全行为是系统存在问题的直接表现。将这种不安全行为分成以下三类:

1.知觉差错与决策差错

知觉差错和决策差错通常是并发的,由于对外界条件、环境因素以及施工器械状况等现场因素感知上产生的失误,因而导致做出错误的决定。决策差错指由于经验不足、缺乏训练或外界压力等造成,也可能理解问题不彻底,如紧急情况判断错误、决策失败等。知觉差错是指一个人的感知觉和实际情况不一致,就像出现视觉错觉和空间定向障碍一样,可能是由于工作场所光线不足或在不利地质、气象条件下作业等。

2.技能差错

技能差错包括漏掉程序步骤、作业技术差、作业时注意力分配不当等。技能差错不依赖于所处的环境,而是由施工人员的培训水平决定,而在操作当中不可避免地发生,因此应该作为独立的因素保留。

3.操作违规

故意或者主观不遵守确保安全作业的规章制度,分为习惯性违章和偶然性违规。前者是组织或管理人员常常能容忍和默许的,常造成施工人员习惯成自然;而后者偏离规章或施工人员通常的行为模式,一般会被立即禁止。

在实际的工程施工事故分析以及制定事故防范与整改措施的过程中,通常会成立事故调查组对某一类原因,比如施工人员的不安全行为进行调查,给出处理意见及建议。

采用统计性描述,揭示不良的企业组织影响如何通过组织流程等因素向下传递造成安全监管的失误,安全监管的错误决定了安全检查与培训等力度,决定了是否严格执行安全管理规章制度等，决定了对隐患是否漠视等，这些错误造成了不安全行为的前提条件，进一步影响了施工人员的工作状态，最终导致事故的发生。进行统计学分析的目的是为了提供邻近层次的不同种类之间因素的概率数据，以用来确定框架当中高层次对低层次因素的影响程度。一旦确定了自上而下的主要途径，就可以量化因素之间的相互作用，也有利于制定有针对性的安全防范措施与整改措施。

第三节　水利水电工程安全管理体系

一、安全管理体系内容

（一）建立健全安全生产责任制

安全生产责任制是安全管理的核心，是保障安全生产的重要手段，能有效地预防事故的发生。

安全生产责任制是根据"管生产必须管安全""安全生产人人有责"的原则，明确各级领导和各职能部门及各类人员在生产活动中应负的安全职责的制度。有些安全生产责任制，能把安全与生产从组织形式上统一起来，把"管生产必须管安全"的原则从制度上固定下来，从而增强了各级管理人员的安全责任心，使安全管理纵向到底、横向到边、专管成线、群管成网、责任明确、协调配合、共同努力，真正把安全生产工作落到实处。

安全生产责任制的内容要分级制定和细化，如企业、项目、班组都应建立各级安全生产责任制，按其职责分工，确定各自的安全责任，并组织实施和考评，保证安全生产责任制的落实。

（二）制定安全教育制度

安全教育制度是企业对职工进行安全法律、法规、规范、标准、安全知识和操作规程培训教育的制度，是提高职工安全意识的重要手段，是企业安全管理的一项重要内容。

安全教育制度内容应规定：定期和不定期安全教育的时间、应受教育的人员、教育的内容和形式，如新工人、外施队人员等进场前必须接受三级（公司、项目、班组）安全教育。从事危险性较大的特殊工种的人员必须经过专门的培训机构培训合格后持证上岗，每年还必须进行一次安全操作规程的训练和再教育。对采用新工艺、新设备、新技术和变换工种的人员应进行安全操作规程和安全知识的培训和教育。

（三） 制定安全检查制度

安全检查是发现隐患、消除隐患、防止事故、改善劳动条件和环境的重要措施，是企业预防安全生产事故的一项重要手段。

安全检查制度内容应规定：安全检查负责人、检查时间、检查内容和检查方式。它包括经常性的检查、专业化的检查、季节性的检查、专项性的检查以及群众性的检查等。对于检查出的隐患应进行登记，并采取定人、定时间、定措施的"三定"办法给予解决，同时对整改情况进行复查验收，彻底消除隐患。

（四） 制定各工种安全操作规程

工种安全操作规程是消除和控制劳动过程中的不安全行为、预防伤亡事故、确保作业人员的安全和健康的需要的措施，也是企业安全管理的重要制度之一。

安全操作规程的内容应根据国家和行业安全生产法律、法规、标准、规范，结合施工现场的实际情况制定出各种安全操作规程。同时，根据现场使用的新工艺、新设备、新技术，制定相应的安全操作规程，并监督其实施。

（五） 制定安全生产奖罚办法

企业制定安全生产奖罚办法的目的是为了不断提高劳动者进行安全生产的自觉性，调动劳动者的积极性和创造性，防止和纠正违反法律、法规和劳动纪律的行为。这也是企业安全管理重要制度之一。

安全生产奖罚办法规定奖罚的目的、条件、种类、数额、实施程序等。企业只有建立安全生产奖罚办法，做到有奖有罚、奖罚分明，才能鼓励先进、督促落后。

（六） 制定施工现场安全管理规定

施工现场安全管理规定是施工现场安全管理制度的基础，目的是规范施工现场安全防护设施的标准化、定型化。

施工现场安全管理规定的内容包括施工现场一般安全规定、安全技术管理、脚手架工程安全管理（包括特殊脚手架及工具式脚手架等）、电梯井操作平台安全管理、马路搭设安全管理、大模板拆装存放安全管理、水平安全网、井字架龙门架安全管理、孔洞临边防护安全管理、拆除工程安全管理等。

（七） 制定机械设备安全管理制度

机械设备是指目前建筑施工普遍使用的垂直运输和加工机具，由于机械设备本身存在一定的危险性，管理不当就可能造成机毁人亡，所以它是施工安全管理的重点对象。

机械设备安全管理制度应规定，大型设备应到上级有关部门备案，符合国家和行业有关规定，还应设专人负责定期进行安全检查、保养，保证机械设备处于良好的状态。

（八）制定施工现场临时用电安全管理制度

施工现场临时用电是建筑施工现场离不开的一项操作，由于其使用广泛、危险性比较大，涉及每个劳动者的安全，因此也是施工现场一项重要的安全管理制度。

施工现场临时用电安全管理制度的内容应包括外电的防护、地下电缆的保护、设备的接地与接零保护、配电箱的设置及安全管理规定（总箱、分箱、开关箱）、现场照明、配电线路、电器装置、变配电装置、用电档案的管理等。

（九）制定劳动防护用品管理制度

使用劳动防护用品是为了减轻或避免劳动过程中劳动者受到的伤害和职业危害、保护劳动者安全健康的一项预防性辅助措施，是安全生产防止职业性伤害的需要，对于减少职业危害起着相当重要的作用。

劳动防护用品制度的内容应包括安全网、安全帽、安全带、绝缘用品、防职业病用品等。

二、建立健全安全组织机构

施工企业一般都有安全组织机构，但必须建立健全项目安全组织机构，确定安全生产目标，明确参与各方对安全管理的具体分工，安全岗位责任与经济利益挂钩，根据项目的性质、规模不同，采用不同的安全管理模式。对于大型项目，必须安排专门的安全总负责人，并配以合理的班子，共同进行安全管理，建立安全生产管理的资料档案。实行单位领导对整个施工现场负责、专职安全员对部位负责、班组长和施工技术员对各自的施工区域负责、操作者对自己的工作范围负责的"四负责"制度。

三、安全管理体系建立步骤

（一）领导决策

最高管理者亲自决策，以便获得各方面的支持和在体系建立过程中所需的资源保证。

（二）成立工作组

最高管理者或授权管理者代表成立的工作小组负责建立安全管理体系。工作小组的成员要覆盖组织的主要职能部门，组长最好由管理者代表担任，以保证小组对人力、资金、信息的获取。

（三）人员培训

培训的目的是使有关人员了解建立安全管理体系的重要性，了解标准的主要思想和内容。

（四）初始状态评审

初始状态评审要对组织过去和现在的安全信息、状态进行收集、调查分析、识别和获取现有的、适用的法律、法规和其他要求，进行危险源辨识和风险评价，评审的结果将作为制定安全方针、管理方案、编制体系文件的基础。

（五）制定安全方针、目标、指标的管理方案

安全方针是组织对其安全行为的原则和意图的声明，也是组织自觉承担其责任和义务的承诺。方针不仅为组织确定了总的指导方向和行动准则，而且是评价一切后续活动的依据，并为更加具体的目标和指标提供了一个框架。

安全目标、指标的制定是组织为了实现其在安全方针中所体现出的管理理念及其对整体绩效的期许与原则，与企业的总目标相一致。

安全管理方案是实现安全目标、指标的行动方案。为保证安全管理体系的实现，需结合年度管理目标和企业客观实际情况，策划制定安全管理方案。该方案应明确旨在实现安全目标、指标的相关部门的职责、方法、时间表以及资源的要求。

第四节　水利水电工程施工安全控制

一、安全操作要求

（一）爆破运输作业

气温低于10℃及-15℃运输易冻的硝化甘油炸药时，应采取防冻措施。禁止用翻斗车、自卸汽车、拖车、机动三轮车、人力三轮车、摩托车和自行车等运输爆破器材。运输炸药雷管时，装车高度要低于车厢10cm，车厢、船底应加软垫；雷管箱不许倒放或立放，层间也应垫软垫。水路运输爆破器材，停泊地点距岸上建筑物不得小于250m。汽车运输爆破器材，汽车的排气管宜设在车前下侧，并应设置防火罩装置。汽车在视线良好的情况下行驶时，时速不得超过20km（工区内不得超过15km）；在弯多坡陡、路面狭窄的山区行驶，时速应保持在5km以内；平坦道路行车间距应大于50m，上下坡时车间距应大于300m。

（二）起重作业

钢丝绳的安全系数应符合有关规定。根据起重机的额定负荷，计算好每台起重机的吊点位置，最好采用平衡梁抬吊。每台起重机所分配的荷重不得超过其额定负荷的75%~80%。起吊作业时应有专人统一指挥，指挥者应站在两台起重机司机都能看到的位置。重物应保持水平，钢丝绳应保持铅直受力均衡。起吊重物离地面10cm时，应停机检查绳扣、吊具和吊车的刹车可靠性，仔细观察周围有无障碍物，确认无问题后，方可继续起吊。

（三）脚手架拆除作业

拆脚手架前，必须将电气设备和其他管、线、机械设备等拆除或加以保护。拆脚手架时，应统一指挥，按顺序自上而下进行；严禁上下层同时拆除或自下而上进行。拆下的材料，禁止往下抛掷，应用绳索捆牢，用滑车、卷扬等方法慢慢放下来，集中堆放在指定地点。拆脚手架时，严禁采用将整个脚手架推倒的方法进行拆除。三级、特级及悬空高处作业使用的脚手架拆除时，必须事先制定安全可靠的措施才能进行拆除。拆除脚手架的区域内，无关人员禁止逗留和通过，在交通要道应设专人警戒。架子搭成后，未经有关人员同意，不得任意改变脚手架的结构和拆除部分杆子。

（四）常用安全工具

安全帽、安全带、安全网等施工生产使用的安全防护用具，应符合国家规定的质量标准，具有厂家安全生产许可证、产品合格证和安全鉴定合格证书，否则不得采购、发放和使用。常用安全防护用具应经常检查和定期试验。高处临空作业应按规定架设安全网，作业人员使用的安全带应挂在牢固的物体上或可靠的安全绳上，安全带严禁低挂高用。挂安全带用的安全绳不宜超过3m。在有毒有害气体可能泄漏的作业场所，应配置必要的防毒护具，以备急用，并及时检查、维修、更换，保证其处在良好待用状态。电气操作人员应根据工作条件选用适当的安全电工用具和防护用品，电工用具应符合安全技术标准并定期检查，凡不符合技术标准要求的绝缘安全用具、登高作业安全工具、携带式电压和电流指示器以及检修中的临时接地线等，均不得使用。

二、安全控制要点

（一）一般脚手架安全控制要点

①脚手架搭设前应根据工程的特点和施工工艺要求确定搭设（包括拆除）施工方案。②脚手架必须设置纵、横向扫地杆。③高度在24m以下的单、双排脚手

架均必须在外侧立面的两端各设置一道剪刀撑并应由底至顶连续设置中间各道剪刀撑。剪刀撑及横向斜撑搭设应随立杆、纵向和横向水平杆等同步搭设，各底层斜杆下端必须支承在垫块或垫板上。④高度在24m以下的单、双排脚手架宜采用刚性连墙件与建筑物可靠连接，亦可采用拉筋和顶撑配合使用的附墙连接方式，严禁使用仅有拉筋的柔性连墙件。24m以上的双排脚手架必须采用刚性连墙件与建筑物可靠连接，连墙件必须采用可承受拉力和压力的构造。50m以下（含50m）脚手架连墙件，应按3步3跨进行布置，50m以上的脚手架连墙件应按2步3跨进行布置。

（二）一般脚手架检查与验收程序

脚手架的检查与验收应由项目经理组织项目施工、技术、安全、作业班组负责人等有关人员参加，按照技术规范、施工方案、技术交底等有关技术文件对脚手架进行分段验收，在确认符合要求后方可投入使用。脚手架及其地基基础应在下列阶段进行检查和验收：①基础完工后及脚手架搭设前；②作业层上施加荷载前；③每搭设完10~13m高度后；④达到设计高度后；⑤遇有六级及以上大风与大雨后；⑥寒冷地区土层开冻后；⑦停用超过一个月的，在重新投入使用之前。

（三）附着式升降脚手架、整体提升脚手架或爬架作业安全控制要点

附着式升降脚手架（整体提升脚手架或爬架）作业要针对提升工艺和施工现场作业条件编制专项施工方案，专项施工方案包括设计、施工、检查、维护和管理等全部内容。安装搭设必须严格按照设计要求和规定程序进行，安装后经验收并进行荷载试验，确认符合设计要求后，方可正式使用。进行提升和下降作业时，架上人员和材料的数量不得超过设计规定并尽可能减少。升降前必须仔细检查附着连接和提升设备的状态是否良好，发现异常应及时查找原因并采取措施解决。升降作业应统一指挥、协调动作。在安装、升降、拆除作业时，应划定安全警戒范围并安排专人进行监护。

（四）洞口、临边防护控制

1.洞口作业安全防护基本规定

①各种楼板与墙的洞口按其大小和性质应分别设置牢固的盖板、防护栏杆、安全网或其他防坠落的防护设施。②坑槽、桩孔的上口柱形、条形等基础的上口以及天窗等处都要作为洞口采取符合规范的防护措施。③楼梯口、楼梯口边应设置防护栏杆或者用正式工程的楼梯扶手代替临时防护栏杆。④井口除设置固定的栅门外，还应在电梯井内每隔两层不大于10m处设一道安全平网进行防护。⑤在建工程的地面入口处和施工现场人员流动密集的通道上方应设置防护棚，防止因落物产生物体打击事故。⑥施工现场大的坑槽、陡坡等处除需设置防护设施与安

全警示标牌外，夜间还应设红灯示警。

2.洞口的防护设施要求

①楼板、屋面和平台等面上短边尺寸小于25cm但大于2.5cm的孔口必须用坚实的盖板盖严，盖板要有防止挪动移位的固定措施。②楼板面等处边长为25～50cm的洞口、安装预制构件时的洞口以及因缺件临时形成的洞口可用竹、木等做盖板盖住洞口，盖板要保持四周搁置均衡并有固定其位置不发生挪动移位的措施。③边长为50～150cm的洞口必须设置一层以扣件连接钢管而成的网格栅，并在其上满铺竹篱笆或脚手板，也可采用贯穿于混凝土板内的钢筋构成防护网栅、钢盘网格，间距不得大于20cm。④边长在150cm以上的洞口四周必须设防护栏杆，洞口下方设安全平网防护。

3.施工用电安全控制

（1）施工现场临时用电设备

在5台及以上或设备总容量在50kW及以上者应编制用电组织设计。临时用电设备在5台以下和设备总容量在50kW以下者应制定安全用电和电气防火措施。

（2）变压器中性点直接接地

低压电网临时用电工程必须采用TN-S接零保护系统。

（3）施工现场与外线路共用同一供电系统

电气设备的接地、接零保护应与原系统保持一致，不得一部分设备做保护接零，另一部分设备做保护接地。

（4）配电箱的设置

①施工用电配电系统应设置总配电箱配电柜、分配电箱、开关箱，并按照"总—分—开"顺序作分级设置，形成"三级配电"模式。②施工用电配电系统各配电箱、开关箱的安装位置要合理。总配电箱配电柜要尽量靠近变压器或外电源处，以便于电源的引入。分配电箱应尽量安装在用电设备或负荷相对集中区域的中心地带，确保三相负荷保持平衡。开关箱安装的位置应视现场情况和工况尽量靠近其控制的用电设备。③为保证临时用电配电系统三相负荷平衡施工现场的动力用电和照明用电应形成两个用电回路，动力配电箱与照明配电箱应该分别设置。④施工现场所有用电设备必须有各自专用的开关箱。⑤各级配电箱的箱体和内部设置必须符合安全规定，开关电器应标明用途，箱体应统一编号。停止使用的配电箱应切断电源，箱门上锁。固定式配电箱应设围栏并有防雨防砸措施。

（5）电器装置的选择与装配

在开关箱中作为末级保护的漏电保护器，其额定漏电动作电流不应大于30mA，额定漏电动作时间不应大于0.1s，在潮湿、有腐蚀性介质的场所中，漏电保护器要选用防溅型的产品，其额定漏电动作电流不应大于15mA，额定漏电动作时间不应大于0.1s。

（6）施工现场照明用电

①在坑、洞、井内作业，夜间施工或厂房、道路、仓库、办公室、食堂、宿舍、料具堆放场所及自然采光差的场所应设一般照明、局部照明或混合照明。一般场所宜选用额定电压220V的照明器。②隧道、人防工程、高温、有导电灰尘、比较潮湿或灯具离地面高度低于2.5m等场所的照明电源电压不得大于36V。③潮湿和易触及带电体场所的照明电源电压不得大于24V。④特别潮湿场所、导电良好的地面、锅炉或金属容器内的照明电源电压不得大于12V。⑤照明变压器必须使用双绕组型安全隔离变压器，严禁使用自耦变压器。⑥室外220V灯具距地面不得低于3m，室内220V灯具距地面不得低于2.5m。

4.垂直运输机械安全控制

（1）外用电梯安全控制要点

外用电梯在安装和拆卸之前必须针对其类型特点说明书的技术要求，结合施工现场的实际情况，制定详细的施工方案。外用电梯的安装和拆卸作业必须由取得相应资质的专业队伍进行安装完毕，经验收合格取得政府相关主管部门核发的准用证后方可投入使用。外用电梯在大雨、大雾和六级及六级以上大风天气时应停止使用。暴风雨过后应组织对电梯各有关安全装置进行一次全面检查。

（2）塔式起重机安全控制要点

塔吊在安装和拆卸之前必须针对类型特点说明书的技术要求，结合作业条件，制定详细的施工方案。塔吊的安装和拆卸作业必须由取得相应资质的专业队伍进行安装完毕，经验收合格取得政府相关主管部门核发的准用证后方可投入使用。遇六级及六级以上大风等恶劣天气应停止作业，将吊钩升起。行走式塔吊要夹好轨钳。当风力达十级以上时，应在塔身结构上设置缆风绳或采取其他措施加以固定。

第三章　水利水电工程前期管理

第一节　工程建设项目前期准备

一、流域规划

流域规划是根据国家制定水利建设的方针政策，地区及国民经济各部门对水利建设的需求，提出针对某一河流治理开发的全面综合规划。

流域规划是以江河流域为范围，以研究水资源的合理开发和综合利用为中心的长远规划，是区域规划的一种特殊类型，是国土规划的一个重要方面。其主要内容为：查明河流的自然特性，确定治理开发的方针和任务，提出梯级布置方案、开发程序和近期工程项目，协调有关社会经济各方面的关系。

按规划的主要对象，流域规划可分为两类：一类是以江河本身的治理开发为主，如较大河流的综合利用规划，多数偏重于干、支流梯级和水库群的布置以及防洪、发电、灌溉、航运等枢纽建筑物的配置；另一类是以流域的水利开发为目标，如较小河流的规划或地区水利规划，主要包括各种水资源的利用、水土资源的平衡以及农林和水土保持等规划措施。

（一）发展概况

流域规划始于19世纪，1879年美国成立密西西比河委员会，进行流域内的测量调查、防洪和改善航道等工作，1928年提出了以防洪为主的全面治理方案。随后，如美国的田纳西河、哥伦比亚河，苏联的伏尔加河，法国的罗纳河等河流，都进行了流域规划并获得成功，取得河流多目标开发的最大综合效益，促进了地区经济的发展。

中国自20世纪50年代开始，对黄河、长江、珠江、海河、淮河等大河和众多中小河流先后进行了流域规划，其中一些获得了成功，取得了良好的经济效益，积累了可贵的经验；但也有一些流域规划，因基础资料不够完整、可靠、系统，审查修正不够及时，未起到应有的作用。20世纪70年代末以来，国家对一些河流又分别进行了流域规划复查修正或重新编制的工作。

（二）规划原则

江河流域规划的目标大致为：基本确定河流治理开发的方针和任务，基本选定梯级开发方案和近期工程，初步论证近期工程的建设必要性、技术可能性和经济合理性。江河流域的规划原则具体如下：

1.贯彻国家的建设方针和政策

处理好需要与可能、近期与远景、除害与兴利、农业与工业交通、整体与局部、干流与支流、上游与下游、滞蓄与排洪、大型与中小型以及资源利用与保护等方面的关系。

2.贯彻综合利用原则

调查研究防洪、发电、灌溉、航运、过木、供水、渔业、旅游、环境保护等有关部门的现状和要求，分清主次、合理安排。

3.重视基本资料

在广泛收集整理已有的普查资料基础上，通过必要的勘测手段和调查研究工作，掌握地质、地形、水文、气象、泥沙等自然条件，了解地区经济特点及发展趋势、用电和其他综合利用要求、水库环境本底情况等基本依据。

（三）规划内容

流域规划的主要内容包括河流梯级开发方案和近期工程的选择。

1.河流梯级开发方案的拟订应遵循的基本原则

①根据河流自然条件和开发任务，在必要和可能的前提下，尽量满足综合开发、利用的要求。②合理利用河道流量和天然落差。③结合地质、地形条件，选择和布置控制性调节水库。④尽量减少因水库淹没所造成的损失。⑤注意对环境的不利影响。

2.近期工程的选定应考虑的基本条件

①具有较多、较可靠的水文、地形、地质等基本资料。②能较好地满足近期用电和综合开发、利用的要求，距离用电中心较近的、工程技术措施比较容易落实的、建设规模与国民经济发展相适应的工程，则在经济上比较合理。③对外交通比较方便，施工条件比较优越。④水库淹没所造成的损失相对较少。

二、项目建议书

（一）概述

项目建议书（又称立项申请）是根据国民经济和社会发展长远规划、流域综合规划、区域综合规划或专业规划的内容，按照国家产业政策和国家有关投资建设方针，区分轻重缓急，合理选择开发建设项目；对项目的建设条件进行调查和必要的勘测，对设计方案进行比选，并对资金筹措进行分析，择优选定建设项目的规模、地点、建设时间和投资总额，论证建设项目的必要性、可行性和合理性。

水利工程项目建议书的编制是国家基本建设过程的重要阶段，是在流域、河道综合规划的基础上进行编制的，经主管部门审查，有关部门评估、批准后，列入国家或地区长期经济发展计划，同时也是项目立项和开展下阶段可行性研究报告工作的依据。

水利工程项目建议书的编制先由主管部门（一般是政府）或业主根据批准的流域和区域综合规划或专业规划提出近期开发项目，考虑国家和当地发展的需要，委托有资格的水利水电勘测设计单位编写项目建议书的任务书和相应的勘察设计大纲，报主管部门审查通过后，才能正式开展编写项目建议书的工作。承担编制任务的单位应按批准任务书的要求进行编制，编制所需费用由委托单位支付。

项目建议书的编制应贯彻国家有关基本建设方针政策和水利行业相关的规定，还应符合有关技术标准。项目建议书应按照《水利水电工程项目建议书编制暂行规定》执行。

项目建议书编制完成后，按水利工程基本建设管理规定上报主管部门待审批。项目建议书被批准后，可由政府向社会公布，若有投资建设意向，应及时组建项目法人等筹备机构，开展下一建设程序工作。

（二）项目建议书的主要内容

由国家发展计划委员会（以下简称国家计委，现为国家发改委）审批的中央和地方（包括中央参与投资）新建、扩建的大、中型水利水电工程项目建议书按《水利水电工程项目建议书编制暂行规定》编制，由各省（自治区、直辖市）审批的大、中型水利水电工程和小型水利水电工程项目建议书可参照执行。主要内容及要求如下：

1.项目建设的必要性和任务

概述对项目建设的要求，阐述项目的建设任务，根据项目实际情况进行分析，论证项目建设的必要性。

2.建设条件

简述工程所在流域（或区域）的水文条件、工程地质条件。分析项目所在地区和附近有关地区的生态、社会和环境等外部条件及其对本项目的影响。

3.建设规模

对规划阶段拟定的工程规模进行复核，通过初步技术、经济分析，初选工程规模指标。

4.主要建筑物布置

根据初选的建设规模及有关规定，初步确定工程等级及主要建筑物级别、设计洪水标准和地震设防烈度；初选工程场址，初定主要建筑物的基本型式和布置，提出工程总布置初步方案；分项列出各建筑物及地基处理、机电设备和金属结构的工程量。

5.工程施工

简述工程区水文气象、对外交通、通信及施工场地等条件，初拟施工导流标准、流量、导流度汛方式、导流建筑物型式和布置，初拟主体工程施工方法、施工总布置和总进度。

6.淹没和占地处理

简述淹没、占地处理范围和主要实物指标以及移民安置、专项迁建规模及实物指标，初估补偿投资费用。

7.环境影响

根据工程影响区的环境状况，结合工程等特性，简要分析工程建设对环境的影响。对主要不利影响，应初步提出减免的对策和措施，分析是否存在工程开发的重大制约因素。

8.工程管理

初步提出项目建设管理机构的设置与隶属关系、资产权属关系，以及维持项目正常运作所需管理、维护费用及其来源、负担的原则和应采取的措施。

9.投资估算及资金筹措

简述投资估算的编制原则、依据及采用的价格水平年，初拟主要基础单价和主要工程单价，提出投资主要指标，按工程量估算投资，提出资金筹措设想。

10.经济评价

说明经济评价的基本依据，说明国民经济评价和财务评价的价格水平、主要参数及评价准则；提出项目经济初步评价指标，对项目国民经济合理性进行初步评价及敏感性分析；提出项目财务初步评价指标，对项目的财务可行性进行初步评价；从社会效益和财务效益方面，提出项目的综合评价结论。

11.结论与建议

综述工程项目建设的必要性以及任务、规模、建设条件、工程总布置、淹没、占地处理、环境影响、工期、投资估算和经济评价等主要成果，简述主要问题和地方政府的意见，提出综合评价结论和今后工作的建议。

（三）项目建议书的编制

项目建议书由政府部门、全国性专业公司以及现有企事业单位或新组成的项目法人提出。其中，大中型和限额以上拟建项目上报项目建议书时，应附初步可行性研究报告。初步可行性研究报告由有资格的设计单位或工程咨询公司编制。

项目建议书的编制按《水利前期工作项目计划管理办法》的规定，水利前期工作项目须申报《水利前期工作勘测设计（规划）项目任务书》，经审查批准后方可开展工作。

编制前期工作项目任务书，应按水电水利规划设计总院（以下简称水规总院）《关于编制水利前期工作勘测设计任务书有关问题的通知》的规定进行，其主要内容包括前阶段主要工作结论及审查意见、主要工作特点、立项的依据和理由、勘测设计大纲、综合利用要求、外协关系、本阶段工作量及经费、勘测设计工作总进度等。

1.项目建议书编制单位

水利水电工程项目建议书必须由项目法人或主管部门委托，由具有相应水利水电勘测设计资质的勘测设计单位编制。按水利前期工作项目的经费来源以及工程项目的属性，分为部直属项目（中央项目）、地方项目、集资项目、部内单位项目（建设管理专题项目）、专项、其他项目，并划分为规划、项目建议书（预可研）、可行性研究、初步设计、其他项目、专项等六大类。

2.项目建议书编制依据

水利水电工程项目建议书应根据国民经济和社会发展规划要求，在批准规划的基础上提出开发目标和任务，对项目的建设条件进行调查和必要的勘测工作，并在对资金筹措进行分析后，择优选定建设项目和项目的建设规模、地点和建设时间，论证工程项目建设的必要性，初步分析项目建设的可行性和合理性。编制的主要依据包括国家有关的方针政策、法律法规，经批准的江河流域综合利用规划、专业规划，有关规程、规范、技术标准。

3.项目建议书编制方式

项目建议书的立项编制程序应按照水利部 1994 年 12 月 7 日颁布的《水利前期工作项目计划管理办法》执行，先由项目主管单位依据水利建设发展规划和任务要求负责组织编制项目任务书，项目任务书完成后，由所在单位的主管领导批准，报水利部水规总院及水利部规划计划司，由水利部委托水规总院组织审查，水利部负责审批。对于重大的项目任务书，还应上报国家发展和改革委员会（以下简称国家发改委）批复。项目任务书经审查批准后，方可正式开展项目建议书的勘测设计工作。

4.项目建议书上报应具备的条件

水利工程项目的项目建议书上报审批应具备一定的条件，目前水利工程项目的项目建议书上报应具备的条件包括：

①项目的外部条件涉及其他省、部门等利益时，必须附上具有有关省和部门意见的书面文件。②水行政主管部门或流域机构签署的规划同意文件。③项目建设与运行管理初步方案。④项目建设资金的筹措方案及投资来源意向合同文件。

（四）项目建议书的审批

根据《关于加强财政预算内专项资金水利建设项目建设管理的紧急通知》的要求，按照分级管理的原则，严格设计审批程序。根据项目的规模和等级分别由水利部、流域机构、省级水行政主管部门组织审查，任何单位和个人不得越权审批，更不得以行政命令指定设计方案。

项目建议书要按现行的管理体制、隶属关系，分级审批。

前期各阶段设计报告审查以后，按现行规定，凡属大、中型或限额以上项目的项目建议书和可行性研究报告均应将审查意见附件以及需说明的问题上报水利部，同时抄送国家发改委。经水利部综合考虑，对于需要上报国家发改委、国务院的设计项目的项目建议书和可行性研究报告，着重从资金来源、建设布局、资源合理利用、技术经济合理性等方面提出行业主管部门的审查意见，报国家发改委审批。初步设计报告原则上由水利部直接批复。

根据国务院对项目建议书和可行性研究报告的审批权限的规定，属中央投资、中央与地方合资的大、中型和限额以上的项目建议书和可行性研究报告，要报送国家计委审批。总投资超过2亿元的重大建设项目的可行性研究报告报国务院审批。

（五）项目建议书批准后的主要工作

项目建议书批准后主要有以下工作：

确定项目建设的机构、人员、法人代表、法定代表人；

选定建设地址，申请规划设计条件，做规划设计方案；

落实筹措资金方案；

落实供水、供电、供气、供热、雨污水排放、电信等市政公用设施配套方案；

落实主要原材料、燃料的供应；

落实环保、劳保、卫生防疫、节能、消防措施；

外商投资企业申请企业名称预登记；

进行详细的市场调查分析；

编制可行性研究报告。

三、初步设计与施工图设计

设计是对拟建工程的实施在技术上和经济上所进行的全面而详细的安排，是基本建设计划的具体化，是整个工程的决定环节，是组织施工的依据，直接关系着工程质量和将来的使用效果。经批准可行性研究报告的建设项目，应委托设计单位，按照批准的可行性研究报告的内容和要求进行设计，编制设计文件。

根据建设项目的不同情况，设计过程一般划分为两个阶段，即初步设计和施工图设计。重大项目和技术复杂项目可根据不同行业的特点和需要，增加技术设计阶段。

（一）初步设计

1.概述

初步设计是在可行性研究的基础上对项目建设的进一步勘测设计工作，其成果是初步设计报告，经批准的初步设计报告确定了项目的建设规模和建设投资。

初步设计是根据批准的可行性研究报告和必要而准确的设计资料，对设计对象进行通盘研究，阐明拟建工程在技术上的可行性和经济上的合理性，规定项目的各项基本技术参数，编制项目的总概算。初步设计任务应择优选择有相应资格的设计单位承担，初步设计报告依照有关初步设计编制规定进行编制。

初步设计是可行性研究报告的补充和深化。应根据批准的可行性研究报告的基础资料以及审查提出的意见和问题对可行性研究报告做进一步补充；对可行性研究阶段要求的工作内容，继续深化研究。拟建的工程任务、规模、水文分析和地质勘查成果、主要建筑物基本型式、施工方案、移民占地、工程管理、投资估算以及环境评价和经济评价，在可行性研究报告阶段均已做了大量工作，绝大部分方案、指标都已确定或基本确定。初步设计主要按照有关规定进行复核，对工程建筑物的布置、机电及施工组织设计、工程概算，进一步深入工作，最终确定整个工程设计方案和工程总投资，编成初步设计报告。

初步设计是工程实施的决定环节，是施工招标设计和工程施工年度计划安排的依据。初步设计文件经批准后，主要方案和主要指标不得随意修改、变更，并作为项目实施的技术文件的基础，若有重要的修改、变更，须经原审批部门复审同意。

2.初步设计报告内容

初步设计是可行性研究报告的补充和进一步深化，水利水电项目的初步设计报告依据《水利水电工程初步设计报告编制规程》的规定，其主要内容如下：

①复核工程任务及具体要求，确定工程规模，选定水位、流量、扬程等特征值，明确运行要求。②复核水文成果。③复核区域构造的稳定性，查明水库地质和建筑物工程地质条件、灌区水文地质条件及土壤特性，得出相应的评价和结论。④复核工程的等级和设计标准，确定工程总体布置、主要建筑物的轴线、线路、结构型式和布置、控制尺寸、高程和工程数量。⑤确定电厂或泵站的装机容量，选定机组机型、单机容量、单机流量及台数，确定接入电力系统的方式、电气主接线和输电方式及主要机电设备的选型和布置，选定开关站（变电站、换流站）的型式，选定泵站电源进线路径、距离和线路型式，确定建筑物的闸门和启闭机等的型式和布置。⑥提出消防设计方案和主要设施。⑦选定对外交通方案、施工导流方式、施工总体布置和总进度、主要建筑物施工方法及主要施工设备，提出天然（人工）建筑材料、劳动力、供水和供电的需要量及其来源。⑧确定水库淹没、工程占地的范围，核实水库淹没实物指标及工程占地范围的实物指标，提出水库淹没处理、移民安置规划和投资概算。⑨提出环境保护措施设计。⑩拟定水利工程的管理机构，提出工程管理范围和保护范围以及主要管理设施。⑪编制初步设计概算，利用外资的工程应编制外资概算。⑫复核经济评价。

初步设计报告的附件包括：可行性研究报告审查意见、专题报告的审查意见、主要的会议纪要等；有关工程综合利用、水库淹没对象及工程占地的迁建和补偿、铁路及其他设施改建、设备制造等方面的协议书及主要资料；水文分析复核报告；工程地质报告和专题工程地质报告；水库淹没处理及移民安置规划报告、工程永久占地处理报告；水工模型试验报告及其他试验研究报告；机电、金属结构设备专题论证报告；其他有关的专题报告；初步设计有关附图；等等。

3.初步设计报告的编报

（1）编制单位

初步设计报告的编制，一般应由项目法人（业主）通过招标方式择优选择有资质的勘察设计单位承担。

（2）编制依据

水利水电项目的初步设计报告应按照《水利水电工程初步设计报告编制规程》的规定进行编制，初步设计报告编制依据有：

①可行性研究报告批准的内容、意见和问题以及对下一步的建议。②初步设计阶段的科研试验报告。③补充的勘察地质报告。④水利水电工程初步设计编制规程及有关的规程、规范。⑤项目法人对工程项目目标及施工方案的要求等。

（3）编制方式

初步设计报告的编制应按照2000年4月4日国务院批准的国家计委令第3号《工程建设项目招标范围和规模标准的规定》采取招标方式，选择有资质的水利水电勘测设计单位（或咨询公司）承担，项目法人应与中标人按照招标文件和中标人的投标文件订立书面合同，双方共同履行合同。

（4）初步设计的咨询论证和审查

初步设计文件报批前，一般由项目法人委托有相应资质的工程咨询机构或组织行业各方面（包括管理、设计、施工、咨询）的专家，对初步设计中的重大问题进行咨询论证；设计单位根据咨询论证意见对初步设计文件进行补充、修改、优化。初步设计由项目法人组织审查，审查通过后按国家规定的审批权限上报。

（5）初步设计报告上报条件

水利工程项目的项目初步设计报告上报审批应具备一定的条件，目前包括：

①可行性研究报告已审批，有符合规定的可行性研究报告批准文件。②项目建设资金筹措方案已确定，有合法有效的资金筹措文件。③项目建设及建成投入使用后的管理机构方案已确定，并有批复文件。④管理运行维护经费已明确，并有承诺文件。

4.初步设计报告的审批

中央直属项目由设计单位或流域机构按规定将项目初步设计报告上报水利部，并送水规总院；地方项目由所在省（自治区、直辖市）计划单列市的水行政主管部门办文上报水利部，并抄送水规总院及所在流域机构，文后附有可行性研究报告的审批意见及上报单位对初步设计报告的初审意见。

受水利部的委托，水规总院或流域机构对上报水利部的初步设计报告的项目进行技术审查，将审查意见报水利部后，水利部依据国家发改委对该项目的可行性研究报告的意见和技术审查意见，从资金来源、资源合理利用、建设布局等综合考虑，对项目的初步设计报告进行批复。

初步设计文件经批准后，主要内容不得随意修改、变更，并作为项目建设实施的技术文件基础。如有重要修改、变更，须经原审批机关复审同意。

（二）施工图设计

施工图设计是按初步设计或技术设计所确定的设计原则、结构方案和控制尺寸，根据建筑安装工作的需要，分期分批地编制工程施工详图。在施工图设计中，还要编制相应的施工预算。

在施工图设计阶段的主要工作是：对初步设计拟定的各项建筑物，进一步补充计算分析和试验研究，深入细致地落实工程建设的技术措施，提出建筑物尺寸、布置、施工和设备制造、安装的详图、文字说明，并编制施工图预算，作为预算包干、工程结算的依据。

设计文件要按规定报送审批。初步设计与总概算应提交主管部门审批。施工图设计应是设计方案的具体化，由设计单位负责，在交付施工前，须经项目法人或由项目法人委托监理单位审查。

重要的大型水利工程，技术复杂，一般增加一个技术设计阶段，其内容根据工程的特点而定，深度应能满足确定设计方案中较重要而复杂的技术问题和有关科学试验、设备制造方面的要求，同时编制修正概算。

随着水利工程建设管理体制改革的进一步深化和工程建设招标投标制推行，水利部在1994年11月颁发的《关于明确招标设计阶段的通知》中规定，凡要求实行施工招标的工程，均要进行招标设计。招标设计阶段工作内容暂按原技术设计的要求进行，并在此基础上制定施工规划，编制招标文件。招标设计工作在施工准备阶段进行。

第二节　工程建设投资控制

一、投资控制基本概念

（一）概述

1.投资

投资是指投资主体为了特定的目的，以达到预期收益的价值垫付行为。投资属于商品经济的范畴，投资活动作为一种经济活动，投资运动过程就是在投资循环周期中价值川流不息的运动过程。生产经营性投资运动过程包括资金筹集、分配、运动（实施）和回收增值四个阶段。

投资可以从不同的角度进行分类：按其形成资产的性质，可分为固定资产投资和流动资产投资；按照投入行为的直接程度，可以分为直接投资和间接投资；按投资对象的不同，可以分为实际投资和金融投资；按照投资主体类别不同，可分为国家投资，企业投资和个人投资；按其投入的领域，可分为生产性投资和非生产性投资；按经营目标的不同，可分为营利性投资和政策性投资；按照投资来源国别分，可分为国内投资和国外投资。

2.基本建设项目

基本建设是指固定资产的建设，即建筑、安装和购置固定资产的活动及与之相关的工作。按照我国现行规定，凡利用国家预算内基建拨改贷、自筹资金、国内外基建信贷以及其他专项资金进行的以扩大生产能力（或新增工程效益）为目的的新、扩建工程及有关工作，属于基本建设。凡利用企业折旧基金、国家更改措施预算拨改贷款、企业自有资金、国内外技术改造信用贷款等资金，对现有企事业的原有设施进行技术改造（包括固定资产更新）以及建设相应配套的辅助生产、生活福利设施等工程和有关工作，属于更新改造。以上基本建设与更新改造均属于固定资产投资活动。

基本建设项目（简称建设项目）是指按照一个总体设计进行施工，由若干个单项工程组成，经济上实行统一核算，行政上实行统一管理的基本建设单位。例如，一个工厂、一座水库、一座水电站或其他独立的工程，都是一个建设项目。建设项目按其性质，又可分为新建、扩建、改建、恢复和迁建项目。

（1）基本建设项目的划分

通常按项目本身的内部组成，将其划分为建设项目、单项工程、单位工程、分部工程和分项工程。

（2）水利水电建设项目划分

水利水电工程是复杂的建筑群，包含的建筑群体种类多、涉及面广。例如，大中型水电工程除拦河坝（闸）、主副厂房外，还有变电站、开关站、引水系统、输水系统等，难以严格适用于基本建设项目划分。在编制水利工程概预算时，根据现行水利部颁发的《水利工程设计概（估）算编制规定》，结合水利水电工程的性质和组成内容进行项目划分。

①两种类型。水利水电建设项目划分为两种类型：第一种为枢纽工程，包括水库、水电站和其他大型独立建筑物；第二种为引水工程及河道工程，包括供水工程、灌溉工程、河湖整治工程、堤防工程。

②五个部分。按照项目的费用划分，将枢纽工程（或引水工程及河道工程）划分为建筑工程、机电设备及安装工程、金属结构设备及安装工程、临时工程、独立费用等五个部分。

③三级项目。根据水利工程性质，其工程项目分别按照枢纽工程、引水工程及河道工程划分，投资估算和设计概算要求每个部分又划分为一级项目、二级项目、三级项目等。

一级项目是指由几个单位工程联合发挥同一效益与作用或具有同一性质用途的，相当于单项工程，如挡水工程、泄洪工程、引水工程、发电厂工程、升变压电站工程、航运工程等。

二级项目指具有独立施工条件或作用可以独立的，由若干分部工程组成，相当于单位工程，如拦河混凝土坝工程、引水隧洞工程、调压井工程、引航工程、船闸工程等。

三级项目指组成单位工程的各个部位或部分，相当于分部分项工程，如拦河混凝土坝工程中的土方开挖、石方开挖、钢筋制安等。

电力系统对水力发电工程项目的划分大致与水利系统的划分相同，不同在于将上述划分项目的第四部分临时工程改为施工辅助工程，并作为第一部分。

（二）工程项目投资程序与工程项目寿命周期的关系

1.工程项目寿命周期

工程项目寿命周期是指从最初确定社会需求编制项目建议书开始，经过可行性研究、设计、施工、营运等阶段，直至该项目被淘汰或报废为止的全部时间历程，包括项目建设阶段及建成后投入运行和报废阶段。

2.工程项目投资程序

工程项目投资程序是投资活动必须遵循的先后次序，是建设项目从筹建、竣工投产到全部收回投资这一全过程中资金运动规律的客观反映。主要包括资金筹集、投入和回收三大阶段。具体划分为如下步骤：

①确定投资控制数额。②筹集建设资金。③将资金交存建设银行。④确定工程项目造价。⑤工程价款的结算。⑥竣工决算。⑦进入生产过程与投资回收。

3.工程项目投资程序与工程项目寿命周期的关系

工程项目投资程序与工程项目寿命周期的关系主要表现在以下方面：

（1）二者反映的对象是相同的

项目寿命周期反映的是某个工程项目的生命历程，项目生命历程同时也是投资的运动过程。

（2）从具体步骤来看

项目投资程序与项目寿命周期是一个问题的两个方面，一个着眼于价值运动过程，一个着眼于使用价值的形成、营运过程，二者互相关联，密不可分。但项目投资程序与项目寿命周期不可互相代替，二者主要区别表现在以下方面：

①反映问题的角度不同。项目投资程序是从价值角度，即从资金的运动过程来反映问题；寿命周期则从使用价值角度，即从工程项目实体的角度来反映问题。

②复杂性不同。在项目建设阶段，投资程序主要是建设单位在向计划部门申请计划并批准之后向建设银行申请固定资产投资贷款，建设工程经过施工企业建成交付使用单位后，再由营运单位进行生产及投资回收。工程项目寿命周期，尤其是建设阶段，其工作内容要比投资程序复杂很多。

③资金运动过程不同。投资程序是一项经济活动，侧重于投资如何周转；而项目寿命周期则不同，其建设阶段所遵循的程序是一个生产过程，着眼于工程实体的形成过程，其营运阶段则既包含生产活动，也包含经济活动。

（三）水利建设项目投资与工程造价

1.水利水电工程项目投资

目前建设项目投资有两种含义：从狭义角度来看，一般认为建设项目投资是指工程项目建设阶段所需要的全部费用总和，也就是建设项目投资为项目建设阶段有计划地进行固定资产再生产和形成低量流动资金的一次费用总和；若从广义角度来看，建设项目投资是指建设项目寿命周期内所花费的全部费用，包括建设安装工程费用、设备工具购置费用和工程建设其他费用。

水利工程项目投资是指水利工程达到设计效益时所需的全部建设资金（包括规划、勘测、设计、科研等必要的前期费用），是反映工程规模的综合性指标，其构成除主体工程外，应根据工程的具体情况，包括必要的附属工程、配套工程、设备购置以及移民、占地与淹没赔偿等费用。当修建工程使原有效益或使生态环境受到较大影响时，还应计及替代补救措施所附加的投资。

水利水电建设项目由三种不同性质的工程内容构成：①建筑安装工程；②购置设备、工具、器具；③与前述两项活动相联系的其他基本建设工作。建设项目投资的构成分别由上述三种基本建设活动所完成的投资额组成。

2.水利水电工程造价

工程造价是指工程项目实际建设所花费的费用，工程造价围绕计划投资波动，直至工程竣工决算才完全形成。

水利水电工程造价是指各类水利水电建设项目从筹建到竣工验收交付使用全过程所需的全部费用。工程造价有两种含义：①从投资者的角度来定义，是指建设项目的建设成本，即完成一个建设项目所需费用的总和，包括建筑工程费、安装工程费、设备费以及其他相关的必需费用；②指工程的承发包价格。

水利水电建设项目总造价是项目总投资中的固定资产投资的总额，两者在量上是一样的。工程造价决定了项目的一次投资费用，是建设项目决策的工具。在控制投资方面，工程造价是通过多次的预估，最终通过竣工决算确定下来的，每一次预估都是对造价的控制过程，在市场经济利益风险机制的作用下，造价对投资的控制作用成为投资的内部约束机制。

（四）投资控制

工程项目投资控制是指投资控制机构和控制人员为了使项目投资取得最佳的经济效益，在投资全过程中所进行的计划、组织、控制、监督、激励、惩戒等一系列活动。

进行投资控制，先要有相应的投资控制机构及其控制人员。我国的投资控制机构和控制人员包括：①各级计划部门的投资控制机构及其工作人员；②银行系统，尤其是建设银行系统及其工作人员；③建设单位的投资控制人员。实行建设监理制度以后，社会监理单位受建设单位的委托，可对工程项目的建设过程进行包括投资控制在内的监理，承担建设单位的投资控制人员的一部分工作。由于社会监理单位是代表建设单位进行工作的，故可把监理工程师包括在这一类投资控制人员之列。

进行工程项目投资控制，必须有明确的控制目标。这个目标就是实现投资的最佳经济效益。要实现这一目标，就必须注重工程项目的固定资产投资的控制，还要注重流动资金投资的控制；不仅注重建设阶段的投资控制，还应注重工程项目运行阶段及报废阶段的投资控制。

1.一般控制手段

工程项目投资控制是全世界普遍面临的一个难题，进行工程项目投资控制，还必须有明确的控制手段。常用的手段有以下几种：

（1）计划与决策

计划作为投资控制的手段，是指在充分收集信息资料的基础上，把握未来的投资前景，正确决定投资活动目标，提出实施目标的最佳方案，合理安排投资资金，以争取最大的投资效益。决策这一管理手段与计划密不可分。决策是在调查研究的基础上，对某方案的可行与否做出判断，或在多方案中做出某项选择。

（2）组织与指挥

组织可从两个方面来理解：一是控制的组织机构设置，二是控制的组织活动。组织手段包括控制制度的确立、控制机构的设置、控制人员的选配、控制环节的确定、权力的合理划分及管理活动的组织等。充分发挥投资控制的组织手段，能够使整个投资活动形成一个具有内在联系的有机整体，有效指挥能够保证投资活动取得成效。

（3）调节与控制

调节是指投资控制机构和控制人员对投资过程中所出现的新情况及时做出处理，提出有效的控制手段和措施，为了实现预期的目标对投资过程进行的疏导和约束。调节和控制是控制过程的重要手段。

（4）监督与考核

监督是指投资控制人员对投资过程进行的监察和督促，投资控制人员对投资过程和投资结果的分析比较。通过投资过程的监督与考核提高投资的经济效益。

（5）激励与惩戒

激励与惩戒是指用物质利益和精神手段来调动人的积极性和主动性或者加强人们的责任心，从另一个侧面来确保计划目标的实现。激励和惩戒二者结合起来用于投资控制，对投资效益的提高有极大的促进作用。

上述各种控制手段是相互联系、相互制约的，在工程项目投资控制活动中需要协调使用。

2.注意的几个问题

第一，控制工作既包括监理工程师从事的投资控制工作，也包括设计单位和施工单位的投资控制工作；既包括项目建设阶段的投资控制工作，也包括营运阶段的投资控制工作，但以建设阶段的投资控制工作为重点。

第二，工程项目投资控制离不开宏观环境、客观环境。如政治环境、经济环境、技术环境等无时不在影响着工程项目的投资，只有在一个相对稳定的宏观环境下，只有正确地处理好项目与宏观环境的关系，才能真正地做好投资控制工作。

第三，投资控制人员的能力是保证。国际咨询工程师联合会编写的《关于咨询工程师选择指南》明确了选择一个工程师的标准是"基于能力的选择"。国外许多经验表明，雇主在确保管理干部高水平上若不愿意花费时间和经费，以后会招致重大损失，这种损失将超过其他生产活动领域的错误所造成的损失。

第四，正确地处理好建设投资、工期及质量三者的关系。工程项目的投资、工期与质量三者是辩证统一的关系，相互依存和影响，投资的节约应是在满足工程项目建设的质量（功能）和工期的前提下的节约。同样的，适当地降低工期和确定合适的质量标准能为投资管理工作提供有利的条件。

第五，正确地处理好工程建设投资与整个寿命周期费用的关系。工程项目投资控制考虑的是项目整个寿命周期的费用，既包括工程建设投资，也包括营运费用、报废费用。工程项目投资控制工作应正确地处理好它们之间的关系，工程造价的降低不能以大量增加运行费用为代价。控制工作的目标应是在满足功能要求的前提下，使整个寿命周期投资总额最小。

第六，工程项目投资控制应注重建设前期及设计阶段的工作。有关资料表明，建设前期和设计阶段有节约投资的潜力。尽管施工阶段花钱多但从控制比重讲，只有12%左右的可能性节约投资，而建设前期和设计阶段虽然花钱不多，但在这两个环节有88%左右的节约投资的可能性。

第七，投资控制是科学，也是艺术。工程项目投资控制工作内容复杂，涉及因素众多，方法、手段多样，既要注重项目本身的投资效益，更应注重项目的社会效益，协调好各种因素；既需要按照已有的科学理论和方法来办事，又需要投资控制人员不断发挥自己的主观能动性，从工程项目管理的具体情况出发去创新。

二、工程项目资金计划

（一）工程项目的资金规划

在工程项目投资决策前，必须对项目方案的资金筹措与运用做出合理的规划，以期平衡资金的供求，减少筹资成本，提高资金使用收益。不同的资金规划可能导致经济效益有较大的差别。资金规划包括资金需求量的预测、资金筹措、资金结构的选择；资金运用包括与项目运营相衔接的资金投放、贷款及其他负债的偿还等。

1.项目实施各个时期资金需求量的测算

测算各个时期的资金需要量是资金规划的前提。现金收支法是目前应用最广泛的资金需求量预测方法。现金收支法亦称货币资金收支法，是以预算期内各项经济业务实际发生的现金收付为依据来编制的方法，具有直观、简便、便于控制等特点，对预算期内现金收入和现金支出分别进行列示。它主要包括预算期内现金收入总额、预算期内现金支出总额以及对现金不足或多余确定之后的处理。

2.资金筹措渠道

20世纪70年代以前，项目投资主要来源于国家财政预算拨款。随着工程建设市场化发展，投资主体、投资渠道、筹资方式实现了多元化发展。项目资金来源主要分成投入资金与借入资金，前者形成项目资本金，后者形成项目的负债。

项目资本金是指投资项目总投资中必须包括一定比例、由出资方实缴的资金，该资金对项目法人而言属于非负债资金。项目资本金的形式可以为现金、实物、无形资产，但是无形资产的比重要符合国家有关规定。根据出资方的不同，项目资本金分为国家出资、法人出资和个人出资。

建设项目还可依据国家法律、法规规定，通过争取国家财政预算内投资、自筹投资、发行股票和利用外资等多种方式筹集项目资本金。

（1）国家财政预算内投资

国家财政预算内投资是指国家预算直接安排的基本建设投资，是指以国家预算资金为来源并列入国家计划的固定资产投资，简称国家投资。目前包括国家预算、地方财政、主管部门和国家专业投资拨给或委托银行贷给建设单位的基本建设拨款及中央基本建设基金，拨给企业单位的更新改造拨款，以及中央财政安排的专项拨款中用于基本建设的资金。

（2）自筹投资

自筹投资是指建设单位报告其收到的用于进行固定资产投资的上级主管部门、地方和单位、城乡个人的自筹资金。目前，自筹投资占全社会固定资产投资总额的一半以上，已成为筹集建设项目资金的主要渠道。建设项目自筹资金来源必须正当，应上缴财政的各项资金和国家有指定用途的专款以及银行贷款、信托投资、流动资金不可用于自筹投资。

（3）发行股票

股票属于直接融资，是股份有限公司发放给股东作为已投资入股的证书和索取股息的凭证，是可作为买卖对象或质押品的有价证券。股票可分为普通股和优先股两大类。

发行股票筹资的优点：①以股票筹资是一种有弹性的融资方式；②股票无到期日；③发行股票筹集资金可降低公司负债比率，提高公司财务信用，增加公司今后的融资能力。

发行股票筹资的缺点：①资金成本高，债券利息可在税前扣除，而股息和红利须在税后利润中支付，这样就使股票筹资的资金成本大大高于债券筹资的资金成本；②增发普通股须给新股东投票权和控制权，从而降低原有股东的控制权。

（4）利用外资

企业利用外资筹资不仅指货币资金筹资，也包括设备、原材料等有形资产筹资与专利、商标等无形资产筹资。外资的直接投资方式主要有合资经营、合作经营、合作开发等方式。合资经营是中外企业双方按股份实行的共同投资、共同经营、共负盈亏、共担风险；合作经营是中外企业双方实行优势互补的投资合资，但不按比例折成股权，凭双方同意的合作合同分配利润与分别承担一定的权利、义务与风险，可以联合经营，也可以委托我方经营，在合作期满后全部财产无条件归中方企业所有；合作开发是由中外合作者通过合作开发合同来共同进行风险大、投资多的资源开发，例如，海上石油资源勘探开发等，一般在勘探阶段由外方投资并承担风险，开发阶段由双方共同投资，中方用开发收入还本付息。

（5）吸收国外其他投资

可以采取对外发行股票、补偿贸易、加工装配（来料加工、来件装配、来样定制）等方式。

（6）负债筹资

负债筹资也是项目筹资的重要方式。负债指项目承担的能够以货币计量，需要以资产或者劳务偿还的债务。负债筹资包括银行贷款、发行债券、设备租赁及借入国外资金等渠道。

①银行贷款。项目银行贷款是银行利用信贷资金所发放的投资性贷款。银行资金的发放和使用应当遵循效益性、安全性和流动性的原则。

②发行债券。发行债券可分为国家债券、地方政府债券、企业债券和金融债券等。

债券筹资的优点有：第一，支出固定；第二，企业控制权不变；第三，少纳所得税；第四，可以提高自有资金利润率。

债券筹资的缺点有：第一，固定利息支出会使企业承受一定的风险；第二，发行债券会提高企业负债比率，增加企业风险，降低企业的财务信誉；第三，债券合约的条款对企业的经营管理有较多的限制，一定程度上约束了企业从外部筹资的扩展能力。

一般来说，当企业预测未来市场销售情况良好、盈利稳定、预计未来物价上涨较快、企业负债比率不高时，可以考虑以发行债券的方式进行筹资。

③设备租赁。设备租赁的方式可分为融资租赁、经营租赁和服务出租。

④借入国外资金。借用国外资金的途径大致可分为外国政府贷款，国际金融组织贷款，国外商业银行贷款，在国外金融市场上发行债券，吸收外国银行、企业和私人存款。

资金筹措过程中，要注意核定资金的需求量，除资金总量控制外，还要掌握每年、每月的资金投入量，合理安排资金使用，减少资金占用，加速资金周转。

3.资金结构选择

在筹措资金前，必须对潜在的各种资金来源是否可靠、筹资费用及资金成本进行系统分析，选择一定数量、来源合适的资金，达到较优的资金结构。一般企业的总资本是由债务资本和自有资本两大类组成，这两者的适当比例形成了企业的资金结构。选择不同的资金结构对企业的利润会产生很大的影响。一般来说，在有借贷资金的情况下，全部投资的经济效果与自有资金的投资效果是不同的。拿投资利润率指标来说，全部投资的利润率一般不等于贷款的利息率。这两种利率差额的后果将由项目所承担，从而使自有资金利润率上升或下降。

自有资金利润率与全投资利润率的差别会被资金构成比（贷款与自有资金的比）所放大，这种放大效应称为财务杠杆效应。

总之，一个企业不能仅靠自有资金投资和经营，成本不高的长期性负债有利于企业扩大投资和经营规模。自有资金在资金结构中所占的比例越大，表明债权保障程度越高；然而长期负债（外来资金）举措得当，不仅可以防御通货膨胀，而且在利润率高于利息成本时能扩大盈利。

4.资金规划

（1）投资进度安排

投资进度安排也称为资金使用计划或者资金运用计划。投资进度安排作为项目实施进度计划的一项重要内容，必须与项目实施计划、项目进度计划、生产准备计划、职工培训计划统筹考虑，协调一致；否则，必然会影响项目的顺利进行。如果项目进度超前，而投资进度落后，会引起项目过程中断；反之，如果投资进度不适当地超前，项目进度跟不上，则由于投资占用时间长，导致利息支付加大，因而投资进度安排必须合理。

投资进度安排必须遵循两条基本原则：一是自有资金及贷款利率低的尽可能靠前安排，二是贷款利率高的尽可能向后安排。而还款时，则先还利率高的部分，后还利率低的部分。

（2）债务偿还

我国的项目投资资金构成中，贷款占很大比重。在现行制度下，偿债资金来源有以下几个方面：固定资产折旧与无形资产摊销等、免征的税金、企业部分利润、借新债偿旧债等。

贷款偿还方式有许多种，其中主要有：等额利息法、等额本金法、等额摊还法、"气球法"、一次性偿还法、偿债基金法。

不同的还款方式对工程项目的效益会产生不同影响，应通过细致的技术经济分析，选择最有利于项目的还款方式。由于还款方式不同，自有资金现金流量不同，因而自有资金的投资效果指标也不同，应该早还利息率高的贷款而晚还利息率低的贷款；当全投资内部收益率大于贷款利息率时，应尽量晚还款。

（二）工程项目资金使用计划的控制目标

为了控制项目投资，在编制项目资金使用计划时，应合理地确定工程项目投资控制目标值，包括工程项目的总目标值、分目标值、各细目标值。如果没有明确的投资控制目标，便无法把项目的实际支出额与之进行比较，不能进行比较则无法找出偏差及其程度，控制措施则会缺乏针对性。在确定投资控制目标时，应有科学的依据。如果投资目标值与人工单价、材料预算价格、设备价格及各项有关费用和各种取费标准不相适应，则投资控制目标便没有实现的可能，则控制也是徒劳的。

三、建设过程投资控制

现代水利建设工程项目与传统工程项目相比，其内涵更加丰富。现代工程规模越来越大，涉及因素众多，后果影响重大而且深远，结构复杂，建设周期长且投资额大，风险也大，更会受到社会的、政治的、经济的、技术的、自然资源的等众多因素的制约，其投资控制工作就变得更困难。

（一）建设前期阶段的投资控制

项目建设前期阶段（决策）投资控制的主要内容是：对建设项目在技术施工上是否可行进行全面分析、论证和方案比较，确定项目的投资估算数目作为设计概算的编制依据。水利水电工程建设项目的前期工作包括项目建议书、可行性研究（含投资估算）阶段。

水利水电设计单位或咨询单位，应该依据《水利水电工程可行性研究报告编制规程》和《水利水电工程可行性研究投资估算编制办法》的有关规定，编制投资估算。可行性研究报告投资估算通过上级主管部门批准，就是工程项目决策和开展工程设计的依据。同时可行性研究报告投资估算即控制该建设项目初步设计概算静态总投资的最高限额，不得任意突破。

（二）设计阶段的投资控制

项目投资的80%决定于设计阶段，而设计费用一般为工程造价的1.2%左右。项目设计阶段的投资控制的主要内容是：通过工程初步设计，确定建设项目的设计概算，对于大、中型水利水电工程，设计概算可作为计划投资数的控制标准，不应突破。国外项目在设计阶段的主要工作是编制工程概算。

1.审查设计概算

审查设计概算是否在批准的投资估算内，如发现超估算，应找出原因，修改设计，调整概算，力争科学、经济、合理。推行设计收费与工程设计成本节约相结合的办法，制定设计奖惩制度，对节约成本设计者给予一定比例的分成，从而鼓励设计者寻求最佳设计方案，防止不顾成本，随意加大安全系数现象。

2.进行设计招标，引入竞争机制

通过多种方案的竞标，优选出具有安全、实用、美观、经济合理的建筑结构和布局的最佳设计方案。为了避免一些设计人员不精心计算、随意加大荷载等级、增大概算基数、增加投资等问题，不仅方案设计阶段须通过招标完成，在技术设计和施工图设计阶段也应引入竞争机制，推行技术设计和施工图设计招投标，使每个设计阶段均通过竞争完成，在设计中对每个设计阶段进行经济核算。

3.实行限额设计

限额设计是设计过程中行之有效的控制方法。在初步设计阶段，各专业设计人员应掌握设计任务书的设计原则、建设方针、各项经济指标，搞好关键设备、工艺流程、总图方案的比选，把初步设计造价严格控制在限额内。施工图设计应按照批准的初步设计，其限额的重点应放在工程量的控制上，将上阶段设计审定的投资额和工程量分解到各个专业，然后再分解到各个单位工程和分部工程上。设计人员必须加强经济观念，在整个设计过程中，经常检查本专业的工程费用，切实做好控制造价工作。

4.积极运用价值工程原理

争取较高的工程价值系数，提高投资效益。价值工程是对工程进行投资控制的科学方法，其中的价值是功能和实现这一功能所耗费成本的比值。

提高产品价值的途径有五种：一是提高功能，降低成本；二是功能不变，降低成本；三是成本不变，提高功能；四是功能略有下降，但带来成本大幅度降低；五是成本略有上升，但带来功能大幅度提高。国内外已有很多工程建设中应用价值工程的案例。

5.严格控制设计变更，实施动态管理

工程变更是目前工程建设中非常普遍的现象，变更发生得越早，损失越小。如果在设计阶段发生变更，只需出修改图纸，而其他费用尚未发生；如果在施工过程中变更，势必造成更大的损失。为此，应尽可能把变更控制在设计阶段。

根据水利水电工程建设项目的特点和有关文件要求，初步设计概算一经审核批准后，便作为水利水电工程建设项目控制投资的依据，也是编制水利水电工程招标标底和考核工程造价的依据。

（三）项目施工准备阶段的投资控制

项目施工准备阶段投资控制的主要工作内容是编制招标标底或审查标底，对承包商的财务能力进行审查，确定标价合理的中标人。

（四）项目施工阶段的投资控制

项目施工阶段投资管理的主要工作内容是造价控制，通过施工过程中对工程费用的监测，确定建设项目的实际投资额，使它不超过项目的计划投资额，并在实施过程中进行费用动态管理与控制。

水利水电建设项目的施工阶段是实现设计概算的过程，这一阶段至关重要的工作是抓好造价管理，这也是控制建设项目总投资的重要阶段。

通过多年水利水电工程建设实践总结的经验，要做好水利水电工程施工阶段的投资控制，首先要在基本建设管理体制上进行改革，实行建设监理制、招标承包制和项目法人责任制。为了控制施工阶段的费用，加强施工阶段工程造价的宏观调控，提高投资效益，逐步完善对大、中型水利水电建设项目的宏观调控，水利部、能源部于1990年1月联合颁布《水利水电工程执行概算编制办法》文件。根据该文件要求，进行对投资的切块分配，编制执行概算，以便对工程投资进行管理和投资，达到最佳投资效益。

施工阶段投资控制最重要的一个任务就是控制付款，可以说主要是控制工程的计量与支付，努力实现设计挖潜、技术革新，防止和减少索赔，预防和减少风险干扰，按照合同和财务计划付款。

监理工程师在项目施工阶段，必须按照合同目标，根据完成工程量的时间、质量和财务计划，审核付款。具体实施时应进行工程量计量复核工作，进行工程付款账单复核工作，按照合同价款、按照审核过的子项目价款，按照合同规定的付款时间及财务计划付款。另外，要根据建筑材料、设备的消耗，根据人工劳务的消耗等，进行施工费用的结算和竣工决算。

（五）项目竣工后的投资分析

竣工决算是综合反映竣工项目建设成果和财务情况的总结性文件，也是办理交付使用的依据。竣工决算包括了项目从筹建到竣工验收投产的全部实际支出费，即建筑工程费、设备及安装工程费和其他费用，是考核竣工项目概预算与基建计划执行情况以及分析投资效益的依据。项目竣工后通过项目决算，控制工程实际投资不突破设计概算，确保项目获得最佳投资效果，并进行投资回收分析。

第三节　工程建设项目评价

一、工程建设项目评价概述

水利建设项目具有防洪、治涝、发电、城镇供水、灌溉、航运、水产养殖、旅游等功能。《水利产业政策》将水利建设项目根据其功能和作用划分为甲、乙两类。甲类为防洪除涝、农田灌排骨干工程、城市防洪、水土保持、水资源保护等以社会效益为主、公益性较强的项目；乙类为供水、水力发电、水库养殖、水上旅游及水利综合经营等以经济效益为主，兼有一定社会效益的项目。甲类项目公益性较强，不具备盈利能力；乙类项目具有一定的盈利能力。

以上不同类型的水利建设项目的评价工作具有不同的侧重点。从广义的角度而言，水利建设项目的环境影响评价、经济评价都包括在社会评价的范畴，但是由于水利项目经济评价已制定了比较完善的规范和一套比较成熟的评价方法，环境评价也有具体的评价规范和评价方法，因而此处将社会评价称之为狭义的社会评价。据此可把水利建设项目评价分为三个部分，即经济评价、环境影响评价和社会评价。

项目的经济评价主要包括项目的国民经济评价和项目的财务评价。国民经济评价又称为社会经济评价，目前，其计算参数和方法以2006年国家发改委和建设部发布的《建设项目经济评价方法与参数》（以下简称《方法与参数》）和1994年水利部颁布的《水利建设项目经济评价规范》为依据。

根据项目实施的阶段，还可以将水利建设项目评价划分为项目前期评价、中期评价和后期评价。

水利建设项目的类型众多，其经济、技术、社会、环境及运行、经营管理等情况涉及面广、情况复杂，因而每个建设项目评价的内容、步骤和方法并不完全一致。但从总体上看，一般项目的评价都遵循一个客观的、循序渐进的基本程序，选择适宜的方法及设置一套科学合理的评价指标体系，以全面反映项目的实际状况。

水利建设项目评价的一般步骤可分为提出问题、筹划准备、深入调查搜集资料、选择评价指标、分析评价和编制评价报告。选择合适的评价方法和评价指标是最为重要的阶段。评价主要指标可以根据水利建设项目的功能情况增减。如属于社会公益性质或者财务收入很少的水利建设项目，评价指标可以适当减少；涉及外汇收支的项目，应增加经济换汇成本、经济节汇成本等指标。

二、财务评价

（一）概述

财务评价是从项目核算单位的角度出发，根据国家现行财税制度和价格体系，分析项目的财务支出和收益，考察项目的财务盈利能力和财务清偿能力等财务状况，判别项目的财务可行性。水利水电建设项目财务评价必须符合新的财务、会计、税制法规等方面的改革情况。

财务评价中对财务的效果衡量只限于项目的直接费用和直接收益，不计算间接费用和间接效益。其中建设项目的直接费用包括固定资产投资、流动资金、贷款利息、年运行费和应纳税金等各项费用。建设项目的直接效益，包括出售水利、水电产品的销售收入和提供服务所获得的财务收入。

财务评价时，无论费用支出和效益收入均使用财务价格。

水利建设项目进行财务评价时，当项目的财务内部收益率（FIRR）不小于规定的行业财务基准收益率时，该项目在财务上可行。

（二）财务支出与财务收入

1.财务支出

水利建设项目的财务支出包括建设项目总投资、年运行费、流动资金和税金等费用。

建设项目总投资主要由固定资产投资、固定资产投资方向调节税、建设期和部分运行期的借款利息、流动资金四部分组成。

（1）固定资产投资

固定资产投资是指项目按建设规模建成所需的费用，包括建筑工程费、机电设备及安装工程费、金属结构设备及安装工程费、临时工程费、建设占地及水库淹没处理补偿费、其他费用和预备费。

（2）固定资产投资方向调节税

这是贯彻国家产业政策、引导投资方向、调整产业结构而设置的税种。根据财政部、国家税务总局、国家计委的相关政策，对《中华人民共和国固定资产投资方向调节税暂行条例》规定的纳税义务人，固定资产投资应税项目自2000年1月1日起新发生的投资额，暂停征收固定资产投资方向调节税。

（3）建设期和部分运行期的借款利息

这是项目总投资的一部分。《水利建设项目经济评价规范》规定，运行初期的借款利息应根据不同情况，分别计入固定资产总投资或项目总成本费用。

（4）流动资金

水利水电工程的流动资金通常可以按30～60天周转期的需要量估列，一般可参照类似工程流动资金占销售收入或固定资产投资的比率或单位产量占流动资金的比率来确定。例如，对于供水项目，可按固定资产投资的1%～2%估列，对于防洪治涝等公益性质的水利项目，可以不列流动资金。

年运行费是指项目建成后，为了维持正常运行每年需要支出的费用，包括工资及福利费、水源费、燃料及动力费、工程维护费（含库区维护费）、管理费和其他费用。

产品销售税金及附加、所得税等税金根据项目性质，按照国家现行税法规定的税目、税率进行计算。

2.总成本费用

水利建设项目总成本费用指项目在一定时期内为生产、运行以及销售产品和提供服务所花费的全部成本和费用。总成本费用可以按经济用途分类计算，也可以按照经济性质分类计算。

（1）按照经济用途分类计算

按照经济用途分类计算应包括制造成本和期间费用。

1）制造成本

制造成本包括直接材料费、直接工资、其他直接支出和制造费用等项。

2）期间费用

期间费用包括管理费用、财务费用和销售费用。

第一，管理费用是指企业行政管理部门为组织和管理生产经营活动而发生的各项费用，包括工厂总部管理人员的工资及福利费，折旧费，修理费，无形及递延资产摊销，物料损失，低值易耗品摊销及其他管理费用（办公费、差旅费、劳动保护费、技术转让费、土地使用税、工会经费及其他）。

第二，财务费用是指为筹集资金而发生的各项费用，包括生产经营期间发生的利息净支出及其他财务费用（汇兑净损失、调剂外汇手续费和金融机构手续费等）。

第三，销售费用是指企业在销售产品和提供劳务过程中所发生的各种费用，包括运输费、装卸费、包装费、保险费、展览费和销售部门人员工资及福利、折旧费、修理费、其他销售费用。

（2）按照经济性质分类计算

按经济性质分类计算应包括材料、燃料及动力费、工资及福利费、维护费、折旧费、摊销费、利息净支出及其他费用等项。

3.财务收入与利润

水利项目的财务收入是指出售水利产品和提供服务所得的收入。年利润总额是指年财务收入扣除年总成本和年销售税金及附加后的余额。

（三）财务评价指标

水利项目财务评价指标分主要和次要两类：主要财务指标有财务内部收益率、财务净现值、投资回收期、资产负债率和借款偿还期；次要指标有投资利润率、投资利税率、资本金利润率、流动比率、速动比率、负债权益比和偿债保证比等。《建设项目经济评价方法和参数》中取消了投资利润率、投资利税率、资本金利润率、借款偿还期、流动比率、速动比率等指标，新增了总投资收益率、项目资本金净利润率、利息备付率、偿债备付率等指标，并正式给出了相应的融资前税前财务基准收益率、资本金税后财务基准收益率、资产负债率合理区间、利息备付率最低可接受值、偿债备付率最低可接受值、流动比率合理区间、速动比率合理区间。

财务评价指标可分为分析项目盈利能力参数和分析项目偿债能力参数。分析项目盈利能力的指标主要包括财务内部收益率、总投资收益率、投资回收期、财务净现值、项目资本金净利润率、投资利润率、投资利税率等指标。

分析项目偿债能力的指标主要包括资产负债率、利息备付率、偿债备付率、流动比率、速动比率、负债权益比、偿债保证比等。

现对其中部分指标做如下说明：

1.总投资收益率

总投资收益率表示总投资的盈利水平，指项目达到设计能力后正常年份的年息税前利润或运营期内年平均息税前利润与项目总投资的比率。

2.资产负债率

资产负债率是指反映项目所面临财务风险程度及偿债能力的指标。

3.利息备付率

利息备付率也称已获利息倍数，是指项目在借款偿还期内各年可用于支付利息的税息前利润与当期应付利息费用的比值。

4.偿债备付率

偿债备付率是指项目在借款偿还期内，各年可用于还本付息的资金与当期应还本付息金额的比值。

5.流动比率

流动比率也称营运资金比率或真实比率，是指企业流动资产与流动负债的比率，是反映企业短期偿债能力的指标。

流动比率越高，说明资产的流动性越大，短期偿债能力越强。一般认为流动比率不宜过高也不宜过低，应维持在2：1左右。过高的流动比率，说明企业有较多的资金滞留在流动资产上未加以更好地运用，如出现存货超储积压、存在大量应收账款、拥有过分充裕的现金等，资金周转可能减慢从而影响其获利能力。有时，尽管企业现金流量出现赤字，但是企业可能仍然拥有一个较高的流动比率。

6.速动比率

速动比率又称"酸性测验比率"，是指速动资产对流动负债的比率。它是衡量企业流动资产中可以立即变现用于偿还流动负债的能力。

速动比率的高低能直接反映企业的短期偿债能力强弱，它是对流动比率的补充，并且比流动比率更加直观可信。如果流动比率较高，但流动资产的流动性很低，则企业的短期偿债能力仍然不高。在流动资产中有价证券一般可以立刻在证券市场上出售，转化为现金、应收账款、应收票据、预付账款等项目，可以在短时期内变现，而存货、待摊费用等项目变现时间较长，特别是存货，很可能发生积压、滞销、残次、冷背等情况，其流动性较差。因此流动比率较高的企业并不一定偿还短期债务的能力很强，而速动比率就避免了这种情况的发生。速动比率更能准确地表明企业的偿债能力。

一般来说，速动比率越高，企业偿还负债能力越高；相反，企业偿还短期负债能力则弱。它的值一般以100%为恰当。

7.负债权益比

负债权益比反映的是资产负债表中的资本结构，说明借入资本与股东自有资本的比例关系，显示财务杠杆的利用程度。负债权益比是一个敏感的指数，太高了不好，资本风险太大；太低了也不好，显得资本运营能力差。企业向银行借入长期贷款时，银行看重的就是负债权益比，长期负债如果超过净资产的一半，银行会怀疑企业还贷的能力。

8.偿债保证比

通过对项目（或企业）运营时期偿债资金来源和需要量的比较以表示项目在某一年内偿还债务的保证程度，这一比值的经验标准要求一般在1.3～1.5，小于此数就意味着权益资本的回收和股利的获得可能落空。

（四）水利建设项目的财务评价报表

财务评价指标都需要通过财务评价报表来实现，因而财务评价报表十分重要，是财务评价的关键环节。财务评价报表有现金流量表、损益表、资金来源与运用表、资产负债表、财务外汇平衡表等基本报表。从原始基础资料直接获取财务报表信息有时容易出错，必要情况下可编制总成本费用估算表和借款还本付息计算表等辅助报表，详见《水利建设项目经济评价规范》。属于社会公益性质或者财务收入很少的水利建设项目，可以适当减少财务报表。

1.现金流量表（全部投资）

从项目自身角度，不分投资资金来源，以项目全部投资作为计算基础，考察项目全部投资的盈利能力。

2.现金流量表（自有资金）

从项目自身角度，以投资者的出资额为计算基础，把借款本金偿还和利息支付作为现金流出，考核项目自有资金的盈利能力。

3.损益表

反映项目计算期内各年的利润总额、所得税及税后利润的分配情况，用以计算投资利润率、投资利税率等指标。

4.资金来源与运用表

综合反映项目计算期内各年的资金来源、资金运用及资金余缺情况，用以选择资金筹措方案，制订适宜的借款及偿还计划，并为编制资产负债表提供依据。

5.资产负债表

综合反映项目计算期内各年末资产、负债和所有者权益的增减变化及对应关系，用以考察项目资产、负债、所有者权益的结构是否合理，并计算资产负债率等指标，进行项目清偿能力分析。

6.财务外汇平衡表

适用于有外汇收支的项目，用以反映项目在计算期内各年外汇余缺程度，进行外汇平衡分析。

7.总成本费用估算表

反映项目在一定时期内为生产、运行以及销售产品和提供服务所花费的成本和费用情况。

8.借款还本付息计算表

反映项目在项目建设期、运行初期、正常运行期的借款及还本付息情况。

三、环境影响评价

（一）概述

1.水利建设项目环境影响评价的含义

《中华人民共和国环境保护法》确立了环境影响评价是我国环境保护的基本制度。环境指影响人类生存和发展的各种天然和经过人工改造的自然因素的总体。水利工程环境影响评价是指对水利建设项目实施后可能对环境的影响进行预测、分析和估计，提出预防或者减轻不良环境影响的对策和措施，进行跟踪监测的方法与制度。

环境影响评价（EIA）根据开发建设活动的不同，可分为开发建设项目的环境影响评价、区域开发建设的环境影响评价、发展规划的环境影响评价（战略环境影响评价）等类型，它们构成环境影响评价的完整体系。

2.国内外研究现状

美国率先在20世纪60年代开展了环境影响评价工作，1970年开始实施的《国家环境政策法》规定对可能影响环境的活动和项目要进行环境影响评价，并于1978年制定了《国家环境政策法实施条例》，又为其提供了可操作的规范性标准和程序。受美国这一立法的影响，其后，瑞典、澳大利亚、法国也分别于1969年、1974年和1976年在国家的环境法中肯定了环境影响评价制度，20世纪80年代，东南亚国家也陆续开展了环境影响评价工作。

美国、俄罗斯等国十分重视公众参与水利水电工程的决策过程，环境影响报告书要向群众公布，广泛听取和征求工程影响区的群众的意见。

我国综合地进行水电工程环境与生态影响的系统化研究开始于20世纪70年代末，这项研究工作主要是围绕工程的环境影响的评价和环境保护设计进行的。20世纪80年代以来，我国开展了大量的水利水电工程环境影响评价，积累了丰富的经验。1982年2月，水利部颁布了《关于水利工程环境影响评价的若干规定（草案）》；1988年12月，水利部和能源部发布了《水利水电工程环境影响评价规范》，1992年11月，水利部和能源部发布了《江河流域规划环境影响评价规范》；2003年，由国家环境保护总局和水利部共同发布了《环境影响评价技术导则水利水电工程》为推荐性标准，2005年，水利部颁布了《农村水电站工程环境影响评价规程》，并于2006年对《江河流域规划环境影响评价规范》进行了修订。根据以上规定，一切对自然环境、社会环境和生态平衡产生影响的大中型水利水电工程、中小型工程和流域开发治理规划都应进行环境影响评价。三峡工程的环境影响评价研究历时最长，由众多专家组成生态与环境论证专家组开展工作，极大地带动了水利工程环境影响评价研究工作。

（二）环境影响评价工作的实施阶段

《水利水电工程环境影响评价规范》（SDJ 302-88）规定：水利水电工程在可行性研究阶段，必须进行环境影响评价。环境影响报告书经审批后，计划部门方可批准建设项目设计任务书。环境保护部根据建设项目对环境污染、生态破坏的程度，实行建设项目环境保护分类管理。《建设项目环境保护分类管理名录》规定："建设项目对环境可能造成重大影响的，应当编制环境影响报告书；建设项目对环境可能造成轻度影响的，应编制环境影响报告表。"小型农田水利设施的建设，周围无敏感环境保护目标，只需填写环境影响登记表。介于两者之间的需要编制环境影响报告表。

编制环境影响评价报告书的建设项目，应编制评价大纲，评价大纲是环境影响评价报告书的总体设计，应在开展评价工作之前编制。

（三）水利建设项目环境影响评价的内容

水利建设项目环境影响评价编制的主要内容应包括工程概况、工程分析、环境现状调查、环境影响识别、环境影响预测和评价、环境保护对策措施、环境监测与管理、投资估算、环境影响经济损益分析、环境风险分析、公众参与和评价结论等。

环境影响评价可根据内容分为水文、泥沙、局地气候、水环境、环境地质、土壤环境、陆生生物、水生生物、生态完整性与敏感生态环境问题、大气环境、声环境、固体废物、人群健康、景观和文物、移民、社会经济等环境要素及因子的评价。

1. 水文泥沙情势影响分析

因建设拦蓄、调水工程等水利水电工程改变了河道的天然状态，因而对河道乃至流域的水文、泥沙情势造成了影响。水文、泥沙情势的变化是导致工程建设、运行期所有生态与环境问题影响的原动力，对其变化影响进行评价，具有重要意义。如河道冲刷可能对下游的水利工程和桥涵等产生影响。

2. 水环境影响

水环境影响涉及地面水和地下水两个部分。水库蓄水后，水深增加，水体交换速度减缓，从而改变了水汽交界面的热交换和水体内部的热传导过程。水温直接关系水的使用，如水库泄放低温水对下游灌区水稻生长有一定影响。水利工程建设项目还影响水体水质迁移转化的规律，如塔里木农业灌溉排水一期工程渭干河项目区排出的高含盐水排入塔里木河，将影响塔里木河水质，为此工程设计中研究了多种排水方案。

3.土壤环境及土地资源影响

不同工程类型及工程施工期、运行期对于土壤环境影响的范围、程度及方式不同，总体可以归纳为工程占地影响和对土壤演化因素的影响两大方面。工程占地，蓄水、输水建筑物淹没、浸没，移民，水资源调度和使用不当，污染物排放等对土地资源都会造成影响。

4.陆生生态影响

建设工程项目改变了区域生态环境，会影响工程区的植被、野生动物、珍稀濒危动植物等种类、数量及分布。例如，黄河人民胜利渠灌区开发后，建立了豫北黄河故道天鹅自然保护区。

5.水生生态影响

水利工程的水的生态作用主要表现为水利工程引起水生物个体、种群、群落及其生存环境的变化。水利工程对浮游生物、底栖生物、高等水生植物、鱼类、湿地等生态系统将产生相应的影响。

6.施工环境影响

水利水电工程建设在工程施工过程中，会对施工区及其周边地区的自然环境和生态环境带来一定的影响和干扰，如工程施工废水和施工人员生活污水排放会污染施工区附近的河流、湖泊。通过预测和分析工程施工过程中可能产生的水质、大气环境、声环境、固体废物环境影响，并提出减缓这些不利影响的对策和措施。

7.移民环境影响

水利水电工程移民安置是工程建设不可分割的重要组成部分，通过环境评价，从环境保护的角度保证工程建设的顺利进行，做好移民安置工程。

8.环境水利医学影响

水利工程环境对人群健康会造成影响，为某些疾病的传播和扩散提供可能。如狮子滩水电站施工期疟疾发病率上升了3倍。1995年，国家技术监督局和卫生部颁布了《水利水电工程环境影响医学评价技术规范》，作为实践指导性文件。

9.经济社会影响

水利水电项目对经济及社会的影响分为有利影响和不利影响，分析给出影响区人口受益和受损情况，并研究补偿和扩大经济社会效益的措施。

10.气候、地质、景观及文物影响

水利工程建设影响局部气候，使水体面积、体积、形状等改变，水陆之间水热条件、空气动力特征发生变化，工程建设对水体上空及周边陆地气温、湿度、风、降水、雾等产生影响。例如，三门峡水库修建后，对库岸附近5km河谷盆地范围内的气候产生一定影响，年平均气温降低0.4～0.9℃。

水利水电工程建设改变了自然界原有的岩土力学平衡，加剧或引发了隐患区地质灾害的发生，比较常见或影响较大的有水库诱发地震、浸没、淤积与冲刷、坍塌与滑坡、渗漏、水质污染、土壤盐渍化等。水利水电建设还会影响景观区和文物保护工作。

水利水电工程建设项目对环境的影响包括对自然环境的影响和对社会环境的影响两个方面。评价内容的选取、各项内容的评价详略程度以及所采用的评价方法，应当按照不同的水利水电工程所处的自然环境、社会环境及经济条件来具体确定，不能一概而论。

（四）水利建设项目环境影响评价的方法和步骤

水利水电工程环境影响是一个复杂的系统，编制水利建设项目环境影响评价归纳起来有以下步骤：

第一，确定水利工程及其配套工程环境影响评价的范围；

第二，制定水利建设工程项目环境影响评价工作大纲；

第三，调查分析工程概况及工程影响区环境现状；

第四，工程环境影响要素识别与评价因子筛选；

第五，进行环境影响预测和评价，编制报告书。

该工作一般按四个层次进行：环境总体（包括自然环境和社会环境）、环境种类、环境要素、环境因子。环境因子是基本单元，由相应的环境因子群构成环境要素，由相同类型的环境组成构成环境种类，由环境种类构成环境总体。

目前水利工程环境影响评价工作的评价标准和评价方法大多仍以定性分析环境影响为主，按照调查或监测环境影响，最终得出工程环境影响评价结论。所以，往往出现环境影响评价报告书流于形式、环保措施的制定针对性较低、实施效果较差等问题。因此，建立科学的评价标准和构建适用的评价模型十分必要，并且具有重要的现实意义。

从评价方法上来说，经过几十年的发展，目前在文献中有报道的评价方法已有上百种。常用的方法可分为两种类型：综合评价法、专项分析评价法。

综合评价法主要是用于综合地描述、识别、分析和评价一项开发活动对各种环境因子的影响或引起总体环境质的变化。专项分析评价法常用于定性、定量地确定环境影响程度、大小及重要性，并对影响大小排序、分级，用于描述单项环境要素及各种评价因子量的现状或变化，还可对不同性质的影响，按照环境价值的判断进行归一化处理。随着研究的不断深入，越来越多的新方法应用到环境影响评价中，如人工神经网络法、系统动力学法、模糊数学法、生态评价法、环境经济学法、灰色聚类法等。

第四章　工程施工质量管理

第一节　工程质量管理概述

一、工程项目质量和质量控制的概念

（一）工程项目质量

质量是反映实体满足明确或隐含需要能力的特性之总和。工程项目质量是国家现行的有关法律、法规、技术标准、设计文件及工程承包合同对工程的安全、适用、经济、美观等特征的综合要求。

从功能和使用价值来看，工程项目质量体现在适用性、可靠性、经济性、外观质量与环境协调等方面。由于工程项目是依据项目法人的需求而兴建的，故各工程项目的功能和使用价值的质量应满足不同项目法人的需求，并无一个统一的标准。从工程项目质量的形成过程来看，工程项目质量包括工程建设各个阶段的质量，即可行性研究质量、工程决策质量、工程设计质量、工程施工质量、工程竣工验收质量。

工程项目质量具有两个方面的含义：一是指工程产品的特征性能，即工程产品质量；二是指参与工程建设各方面的工作水平、组织管理等，即工作质量。工作质量包括社会工作质量和生产过程工作质量。社会工作质量主要是指社会调查、市场预测、维修服务等。生产过程工作质量主要包括管理工作质量、技术工作质量、后勤工作质量等，最终将反映在工序质量上，而工序质量的好坏，直接受人、原材料、机具设备、工艺及环境等五方面因素的影响。因此，工程项目质量的好坏是各环节、各方面工作质量的综合反映，而不是单纯靠质量检

验查出来的。

（二）工程项目质量控制

质量控制是指为达到质量要求所采取的作业技术和活动。工程项目质量控制，实际上就是对工程在可行性研究、勘测设计、施工准备、建设实施、后期运行等各阶段、各环节、各因素的全过程、全方位的质量监督控制。工程项目质量有个产生、形成和实现的过程，控制这个过程中的各环节，以满足工程合同、设计文件、技术规范规定的质量标准。在我国的工程项目建设中，工程项目质量控制按其实施者的不同，包括如下三个方面：

1.项目法人的质量控制

项目法人方面的质量控制，主要是委托监理单位依据国家的法律、规范、标准和工程建设的合同文件，对工程建设进行监督和管理。其特点是外部地、横向地、不间断地控制。

2.政府方面的质量控制

政府方面的质量控制是通过政府的质量监督机构来实现的，其目的在于维护社会公共利益，保证技术性法规和标准的贯彻执行。其特点是外部地、纵向地、定期或不定期地抽查。

3.承包人方面的质量控制

承包人主要是通过建立健全质量保证体系，加强工序质量管理，严格施行"三检制"（即初检、复检、终检），避免返工，提高生产效率等方式来进行质量控制。其特点是内部地、自身地、连续地控制。

二、工程项目质量的特点

建筑产品位置固定、生产流动性、项目单件性、生产一次性、受自然条件影响大等特点，决定了工程项目质量具有以下特点：

（一）影响因素多

影响工程质量的因素是多方面的，如人的因素、机械因素、材料因素、方法因素、环境因素等均直接或间接地影响着工程质量。尤其是水利水电工程项目主体工程的建设，一般由多家承包单位共同完成，故其质量形式较为复杂，影响因素多。

（二）质量波动大

工程建设周期长，在建设过程中易受到系统因素及偶然因素的影响，产品质量会产生波动。

（三）质量变异大

由于影响工程质量的因素较多，任何因素的变异均会引起工程项目的质量变异。

（四）质量具有隐蔽性

由于工程项目实施过程中，工序交接多，中间产品多，隐蔽工程多，取样数量受到各种因素、条件的限制，产生错误判断的概率增大。

（五）终检局限性大

建筑产品位置固定等自身特点，使质量检验时不能解体、拆卸，所以在工程项目终检验收时难以发现工程内在的、隐蔽的质量缺陷。

此外，质量、进度和投资目标三者之间既对立又统一的关系，使工程质量受到投资、进度的制约。因此，应针对工程质量的特点，严格控制质量，并将质量控制贯穿于项目建设的全过程。

三、工程项目质量控制的原则

在工程项目建设过程中，对其质量进行控制应遵循以下几项原则：

（一）质量第一原则

"百年大计，质量第一"，工程建设与国民经济的发展和人民生活的改善息息相关。质量的好坏，直接关系到国家繁荣富强，关系到人民生命财产的安全，关系到子孙幸福，所以必须树立强烈的"质量第一"的思想。

要确立质量第一的原则，必须弄清并且摆正质量和数量、质量和进度之间的关系。不符合质量要求的工程，数量和进度都将失去意义，工程也没有任何使用价值，而且数量越多、进度越快，国家和人民遭受的损失也将越大。因此，好中求多，好中求快，好中求省，才是符合质量管理所要求的质量水平。

（二）预防为主原则

对于工程项目的质量，我们长期以来采取事后检验的方法，认为严格检查，就能保证质量，实际上这是远远不够的。应该从消极防守的事后检验变为积极预防的事先管理。因为好的建筑产品是好的设计、好的施工所产生的，不是检查出来的。必须在项目管理的全过程中，事先采取各种措施，消灭种种不符合质量要求的因素，以保证建筑产品质量。如果各质量因素（人、机、料、法、环）预先得到保证，工程项目的质量就有了可靠的前提条件。

（三）为用户服务原则

建设工程项目，是为了满足用户的要求，尤其要满足用户对质量的要求。真正好的质量是用户完全满意的质量。进行质量控制，就是要把为用户服务的原则，作为工程项目管理的出发点，贯穿到各项工作中去。同时，要在项目内部树立"下道工序就是用户"的思想。各个部门、各种工作、各种人员都有个前、后的工作顺序，在自己这道工序的工作一定要保证质量，凡达不到质量要求的不能交给下道工序，一定要使"下道工序"这个用户感到满意。

（四）用数据说话原则

质量控制必须建立在有效的数据基础之上，必须依靠能够确切反映客观实际的数字和资料，否则就谈不上科学地管理。一切用数据说话，就需要用数理统计方法，对工程实体或工作对象进行科学的分析和整理，从而研究工程质量的波动情况，寻求影响工程质量的主次原因，采取改进质量的有效措施，掌握保证和提高工程质量的客观规律。

在很多情况下，我们评定工程质量，虽然也按规范标准进行检测计量，也有一些数据，但是这些数据往往不完整、不系统，没有按数理统计要求积累数据、抽样选点，所以难以汇总分析，有时只能统计加估计，抓不住质量问题，既不能完全表达工程的内在质量状态，也不能有针对性地进行质量教育，提高企业素质。所以，必须树立起"用数据说话"的意识，从积累的大量数据中找出控制质量的规律性，以保证工程项目的优质建设。

四、工程项目质量控制的任务

工程项目质量控制的任务就是根据国家现行的有关法规、技术标准和工程合同规定的工程建设各阶段质量目标，实施全过程的监督管理。由于工程建设各阶段的质量目标不同，因此需要分别确定各阶段的质量控制对象和任务。

（一）工程项目决策阶段质量控制的任务

①审核可行性研究报告是否符合国民经济发展的长远规划、国家经济建设的方针政策。

②审核可行性研究报告是否符合工程项目建议书或业主的要求。

③审核可行性研究报告是否具有可靠的基础资料和数据。

④审核可行性研究报告是否符合技术、经济方面的规范标准和定额等指标。

⑤审核可行性研究报告的内容、深度和计算指标是否达到标准要求。

（二）工程项目设计阶段质量控制的任务

①审查设计基础资料的正确性和完整性。

②编制设计招标文件，组织设计方案竞赛。

③审查设计方案的先进性和合理性，确定最佳设计方案。

④督促设计单位完善质量保证体系，建立内部专业交底及专业会签制度。

⑤进行设计质量跟踪检查，控制设计图纸的质量。在初步设计和技术设计阶段，主要检查生产工艺及设备的选型、总平面布置、建筑与设施的布置、采用的设计标准和主要技术参数；在施工图设计阶段，主要检查计算是否有错误、选用的材料和做法是否合理、标注的各部分设计标高和尺寸是否有错误、各专业设计之间是否有矛盾等。

（三）工程项目施工阶段质量控制的任务

施工阶段质量控制是工程项目全过程质量控制的关键环节。根据工程质量形成的时间，施工阶段的质量控制又可分为质量的事前控制、事中控制和事后控制，其中事前控制为重点控制。

1.事前控制

①审查承包商及分包商的技术资质。

②协助承建商完善质量体系，包括完善计量及质量检测技术和手段等，同时对承包商的实验室资质进行考核。

③督促承包商完善现场质量管理制度，包括现场会议制度、现场质量检验制度、质量统计报表制度和质量事故报告及处理制度等。

④与当地质量监督站联系，争取其配合、支持和帮助。

⑤组织设计交底和图纸会审，对某些工程部位应下达质量要求标准。

⑥审查承包商提交的施工组织设计，保证工程质量具有可靠的技术措施。审核工程中采用的新材料、新结构、新工艺、新技术的技术鉴定书；对工程质量有重大影响的施工机械、设备，应审核其技术性能报告。

⑦对工程所需原材料、构配件的质量进行检查与控制。

⑧对永久性生产设备或装置，应按审批同意的设计图纸组织采购或订货，到场后进行检查验收。

⑨对施工场地进行检查验收。检查施工场地的测量标桩、建筑物的定位放线以及高程水准点，重要工程还应复核，落实现场障碍物的清理、拆除等。

⑩把好开工关。对现场各项准备工作检查合格后，方可发开工令；停工的工程，未发复工令者不得复工。

2.事中控制

①督促承包商完善工序控制措施。工程质量是在工序中产生的，工序控制对工程质量起着决定性的作用。应把影响工序质量的因素都纳入控制状态中，建立质量管理点，及时检查和审核承包商提交的质量统计分析资料和质量控制图表。

②严格工序交接检查。主要工作作业包括隐蔽作业需按有关验收规定经检查

验收后，方可进行下一工序的施工。

③重要的工程部位或专业工程（如混凝土工程）要做试验或技术复核。

④审查质量事故处理方案，并对处理效果进行检查。

⑤对完成的分项、分部工程，按相应的质量评定标准和办法进行检查验收。

⑥审核设计变更和图纸修改。

⑦按合同行使质量监督权和质量否决权。

⑧组织定期或不定期的质量现场会议，及时分析、通报工程质量状况。

3.事后控制

①审核承包商提供的质量检验报告及有关技术性文性。

②审核承包商提交的竣工图。

③组织联动试车。

④按规定的质量评定标准和办法进行检查验收。

⑤组织项目竣工总验收。

⑥整理有关工程项目质量的技术文件，并编目、建档。

（四）工程项目保修阶段质量控制的任务

①审核承包商的工程保修书。

②检查、鉴定工程质量状况和工程使用情况。

③对出现的质量缺陷，确定责任者。

④督促承包商修复缺陷。

⑤在保修期结束后，检查工程保修状况，移交保修资料。

第二节　质量体系的建立与运行

一、施工阶段的质量控制

（一）质量控制的依据

施工阶段的质量管理及质量控制的依据大体上可分为两类，即共同性依据及专门技术法规性依据。

共同性依据是指那些适用于工程项目施工阶段与质量控制有关的、具有普遍指导意义和必须遵守的基本文件。主要有工程承包合同文件，设计文件，国家和行业现行的有关质量管理方面的法律、法规文件。

工程承包合同中分别规定了参与施工建设的各方在质量控制方面的权利和义务，并据此对工程质量进行监督和控制。

有关质量检验与控制的专门技术法规性依据是指针对不同行业、不同的质量控制对象而制定的技术法规性的文件，主要包括：①已批准的施工组织设计。它是承包单位进行施工准备和指导现场施工的规划性、指导性文件，详细规定了工程施工的现场布置、人员设备的配置、作业要求、施工工序和工艺、技术保证措施、质量检查方法和技术标准等，是进行质量控制的重要依据。②合同中引用的国家和行业的现行施工操作技术规范、施工工艺规程及验收规范。它是维护正常施工的准则，与工程质量密切相关，必须严格遵守执行。③合同中引用的有关原材料、半成品、配件方面的质量依据。如水泥、钢材、骨料等有关产品技术标准；水泥、骨料、钢材等有关检验、取样、方法的技术标准；有关材料验收、包装、标志的技术标准。④制造厂提供的设备安装说明书和有关技术标准。这是施工安装承包人进行设备安装必须遵循的重要技术文件，也是进行检查和控制质量的依据。

（二）质量控制的方法

施工过程中的质量控制方法主要有旁站检查、测量、试验等。

1.旁站检查

旁站是指有关管理人员对重要工序（质量控制点）的施工所进行的现场监督和检查，以避免质量事故的发生。旁站也是驻地监理人员的一种主要现场检查形式。根据工程施工难度及复杂性，可采用全过程旁站、部分时间旁站两种方式。对容易产生缺陷的部位或产生了缺陷难以补救的部位以及隐蔽工程，应加强旁站检查。

在旁站检查中，必须检查承包人在施工中所用的设备、材料及混合料是否符合已批准的文件要求，检查施工方案、施工工艺是否符合相应的技术规范。

2.测量

测量是对建筑物的尺寸控制的重要手段。应对施工放样及高程控制进行核查，不合格者不准开工。对模板工程、已完工程的几何尺寸、高程、宽度、厚度、坡度等质量指标，按规定要求进行测量验收，不符合规定要求的须进行返工。测量记录，均要事先经工程师审核签字后方可使用。

3.试验

试验是工程师确定各种材料和建筑物内在质量是否合格的重要方法。所有工程使用的材料，都必须事先经过材料试验，质量必须满足产品标准，并经工程师检查批准后方可使用。材料试验包括水源、粗骨料、沥青、土工织物等各种原材料，不同等级混凝土的配合比试验，外购材料及成品质量证明和必要的试验鉴定，仪器设备的校调试验，加工后的成品强度及耐用性检验，工程检查等。没有试验数据的工程不予验收。

（三）工序质量监控

1.工序质量监控的内容

工序质量控制主要包括对工序活动条件的监控和对工序活动效果的监控。

（1）工序活动条件的监控

所谓对工序活动条件的监控，就是指对影响工程生产因素进行的控制。工序活动条件的控制是工序质量控制的手段。尽管在开工前对生产活动条件已进行了初步控制，但在工序活动中有的条件还会发生变化，使其基本性能达不到检验指标，这正是生产过程产生质量不稳定的重要原因。因此，只有对工序活动条件进行控制，才能达到对工程或产品的质量性能、特性指标的控制。工序活动条件包括的因素较多，要通过分析，分清影响工序质量的主要因素，抓住主要矛盾，逐渐予以调节，以达到质量控制的目的。

（2）对工序活动效果的监控

对工序活动效果的监控主要反映在对工序产品质量性能的特征指标的控制上。通过对工序活动的产品采取一定的检测手段进行检验，根据检验结果分析、判断该工序活动的质量效果，从而实现对工序质量的控制，其步骤如下：首先是工序活动前的控制，主要要求人、材料、机械、方法或工艺、环境能满足要求；然后采用必要的手段和工具，对抽出的工序子样进行质量检验；应用质量统计分析工具（如直方图、控制图、排列图等）对检验所得的数据进行分析，找出这些质量数据所遵循的规律。根据质量数据分布规律的结果，判断质量是否正常，若出现异常情况，寻找原因，找出影响工序质量的因素，尤其是那些主要因素，采取对策和措施进行调整；再重复前面的步骤，检查调整效果，直到满足要求，这样便可达到控制工序质量的目的。

2.工序质量监控实施要点

对工序活动质量监控，首先应确定质量控制计划，它是以完善的质量监控体系和质量检查制度为基础。一方面，工序质量控制计划要明确规定质量监控的工作程序、流程和质量检查制度；另一方面，需进行工序分析，在影响工序质量的因素中，找出对工序质量产生影响的重要因素，进行主动的、预防性的重点控制。例如，在振捣混凝土这一工序中，振捣的插点和振捣时间是影响质量的主要因素，为此，应加强现场监督并要求施工单位严格予以控制。

同时，在整个施工活动中，应采取连续的动态跟踪控制，通过对工序产品的抽样检验，判定其产品质量波动状态，若工序活动处于异常状态，则应查出影响质量的原因，采取措施排除系统性因素的干扰，使工序活动恢复到正常状态，从而保证工序活动及其产品质量。此外，为确保工程质量，应在工序活动过程中设置质量控制点，进行预控。

3.质量控制点的设置

质量控制点的设置是进行工序质量预防控制的有效措施。质量控制点是指为保证工程质量而必须控制的重点工序、关键部位、薄弱环节。应在施工前，全面、合理地选择质量控制点，并对设置质量控制点的情况及拟采取的控制措施进行审核。必要时，应对质量控制实施过程进行跟踪检查或旁站监督，以确保质量控制点的施工质量。

设置质量控制点的对象，主要有以下几方面：

（1）关键的分项工程

如大体积混凝土工程、土石坝工程的坝体填筑、隧洞开挖工程等。

（2）关键的工程部位

如混凝土面板堆石坝面板趾板及周边缝的接缝、土基上水闸的地基基础、预制框架结构的梁板节点、关键设备的设备基础等。

（3）薄弱环节

指经常发生或容易发生质量问题的环节、承包人无法把握的环节、采用新工艺（材料）施工的环节等。

（4）关键工序

如钢筋混凝土工程的混凝土振捣，灌注桩钻孔，隧洞开挖的钻孔布置、方向、深度、用药量和填塞等。

（5）关键工序的关键质量特性

如混凝土的强度、耐久性，土石坝的干容重、黏性土的含水率等。

（6）关键质量特性的关键因素

如冬季混凝土强度的关键因素是环境（养护温度）、支模的关键因素是支撑方法、泵送混凝土输送质量的关键因素是机械、墙体垂直度的关键因素是人等。

控制点的设置应准确有效，因此究竟选择哪些作为控制点，需要由有经验的质量控制人员进行选择。一般可根据工程性质和特点来确定。

4.见证点、停止点的概念

在工程项目实施控制中，通常是由承包人在分项工程施工前制订施工计划时，就选定设置控制点，并在相应的质量计划中进一步明确哪些是见证点，哪些是停止点。所谓见证点和停止点是国际上对于重要程度不同及监督控制要求不同的质量控制对象的一种区分方式。见证点监督也称为 W 点监督。凡是被列为见证点的质量控制对象，在规定的控制点施工前，施工单位应提前 24 小时通知监理人员在约定的时间内到现场进行见证并实施监督。如监理人员未按约定到场，施工单位有权对该点进行相应的操作和施工。停止点也称为待检查点或 H 点，它的重要性高于见证点，是针对那些由于施工过程或工序施工质量不易或不能通过其后的检验和试验而充分得到论证的"特殊过程"或"特殊工序"而言的。凡被列入停止点的控制点，要求必须在该控制点来临之前 24 小时通知监理人员到场实验监控，如监理人员未能在约定时间内到达现场，施工单位应停止该控制点的施工，并按合同规定等待监理方，未经认可不能超过该点继续施工，如水闸闸墩混凝土结构在钢筋架立后，混凝土浇筑之前，可设置停止点。

在施工过程中，应加强旁站和现场巡查的监督检查；严格实施隐蔽式工程工序间交接检查验收、工程施工预检等检查监督；严格执行对成品保护的质量检查。只有这样才能及早发现问题，及时纠正，防患于未然，确保工程质量，避免导致工程质量事故。

为了对施工期间的各分部、分项工程的各工序质量实施严密、细致和有效的监督、控制，应认真地填写跟踪档案，即施工和安装记录。

（四）施工合同条件下的工程质量控制

工程施工是使业主及工程设计意图最终实现并形成工程实体的阶段，也是最终形成工程产品质量和工程项目使用价值的重要阶段。由此可见，施工阶段的质量控制不但是工程师的核心工作内容，也是工程项目质量控制的重点。

1.质量检查（验）的职责和权力

施工质量检查（验）是建设各方质量控制必不可少的一项工作，可以起到监督、控制质量，及时纠正错误，避免事故扩大，消除隐患等作用。

（1）承包商质量检查（验）的职责

提交质量保证计划措施报告。保证工程施工质量是承包商的基本义务。承包商应按 ISO9000 系列标准建立和健全所承包工程的质量保障计划，在组织上和制度上落实质量管理工作，以确保工程质量。

承包商质量检查（验）职责。根据合同规定和工程师的指示，承包商应对工程使用的材料和工程设备以及工程的所有部位及其施工工艺进行全过程的质量自检，并作质量检查（验）记录，定期向工程师提交工程质量报告。同时，承包商应建立一套全部工程的质量记录和报表，以便于工程师复核检验和日后发现质量问题时查找原因。当合同发生争议时，质量记录和报表还是重要的当时记录。

自检是检验的一种形式，是由承包商自己来进行的。在合同环境下，承包商的自检包括：班组的"初检"，施工队的"复检"，公司的"终检"。自检的目的不仅在于判定被检验实体的质量特性是否符合合同要求，更是用于对过程的控制。因此，承包商的自检是质量检查（验）的基础，是控制质量的关键。为此，工程师有权拒绝对那些"三检"资料不完善或无"三检"资料的过程（工序）进行检验。

（2）工程师的质量检查（验）权力

按照我国有关法律、法规的规定：工程师在不妨碍承包商正常作业的情况下，可以随时对作业质量进行检查（验）。这表明工程师有权对全部工程的所有部位及其任何一项工艺、材料和工程设备进行检查和检验，并具有质量否决权。具体内容包括：复核材料和工程设备的质量及承包商提交的检查结果。对建筑物开工前的定位定线进行复核签证，未经工程师签认不得开工。对隐蔽工程和工程的隐蔽部位进行覆盖前的检查（验），上道工序质量不合格的不得进入下一工序施工。对正在施工中的工程在现场进行质量跟踪检查（验），发现问题及时纠正等。

这里需要指出，承包商要求工程师进行检查（验）的意向以及工程师要进行检查（验）的意向均应提前24小时通知对方。

2.材料、工程设备的检查和检验

《水利水电土建工程施工合同条件》通用条款及技术条款规定，材料和工程设备的采购分两种情况：承包商负责采购的材料和工程设备；业主负责采购的工程设备，承包商负责采购的材料。

对材料和工程设备进行检查和检验时应区别对待以上两种情况。

（1）材料和工程设备的检验和交货验收

对承包商采购的材料和工程设备，其产品质量承包商应对业主负责。材料和工程设备的检验和交货验收由承包商负责实施，并承担所需费用，具体做法：承包商会同工程师进行检验和交货验收，查验材质证明和产品合格证书。此外，承包商还应按合同规定进行材料的抽样检验和工程设备的检验测试，并将检验结果提交给工程师。工程师参加交货验收不能减轻或免除承包商在检验和验收中应负的责任。

对业主采购的工程设备，为了简化验交手续和重复装运，业主应将其采购的工程设备由生产厂家直接移交给承包商。为此，业主和承包商在合同规定的交货地点（如生产厂家、工地或其他合适的地方）共同进行交货验收，由业主正式移交给承包商。在交货验收过程中，业主采购的工程设备检验及测试由承包商负责，业主不必再配备检验及测试用的设备和人员，但承包商必须将其检验结果提交工程师，并由工程师复核签认检验结果。

（2）工程师检查或检验

工程师和承包商应商定对工程所用的材料和工程设备进行检查和检验的具体时间和地点。通常情况下，工程师应到场参加检查或检验，如果在商定时间内工程师未到场参加检查或检验，且工程师无其他指示（如延期检查或检验），承包商可自行检查或检验，并立即将检查或检验结果提交给工程师。除合同另有规定外，工程师应在事后确认承包商提交的检查或检验结果。

如果承包商未按合同规定检查或检验材料和工程设备，工程师应指示承包商按合同规定补做检查或检验。此时，承包商应无条件地按工程师的指示和合同规定补做检查或检验，并应承担检查或检验所需的费用和可能带来的工期延误责任。

（3）额外检验和重新检验

1）额外检验

在合同履行过程中，如果工程师需要增加合同中未作规定的检查和检验项目，工程师有权指示承包商增加额外检验，承包商应遵照执行，但应由业主承担额外检验的费用和工期延误责任。

2）重新检验

在任何情况下，如果工程师对以往的检验结果有疑问，有权指示承包商进行再次检验即重新检验，承包商必须执行工程师指示，不得拒绝。"以往检验结果"是指已按合同规定要求得到工程师的同意，如果承包商的检验结果未得到工程师同意，则工程师指示承包商进行的检验不能称为重新检验，应为合同内检验。

重新检验带来的费用增加和工期延误责任的承担视重新检验结果而定。如果重新检验结果证明这些材料、工程设备、工序不符合合同要求，则应由承包商承担重新检验的全部费用和工期延误责任；如果重新检验结果证明这些材料、工程设备、工序符合合同要求，则应由业主承担重新检验的费用和工期延误责任。

当承包商未按合同规定进行检查或检验，并且不执行工程师有关补做检查或检验指示和重新检验的指示时，工程师为了及时发现可能的质量隐患，减少可能造成的损失，可以指派自己的人员或委托其他人进行检查或检验，以保证质量。此时，不论检查或检验结果如何，工程师因采取上述检查或检验补救措施而造成的工期延误和增加的费用均应由承包商承担。

（4）不合格工程、材料和工程设备

1）禁止使用不合格材料和工程设备

工程使用的一切材料、工程设备均应满足合同规定的等级、质量标准和技术特性。工程师在工程质量的检查或检验中发现承包商使用了不合格材料或工程设备时，可以随时发出指示，要求承包商立即改正，并禁止在工程中继续使用这些不合格的材料和工程设备。

如果承包商使用了不合格材料和工程设备，其造成的后果应由承包商承担责任，承包商应无条件地按工程师的指示进行补救。业主提供的工程设备经验收不合格的，应由业主承担相应责任。

2）不合格工程、材料和工程设备的处理

①如果工程师的检查或检验结果表明承包商提供的材料或工程设备不符合合同要求，工程师可以拒绝接收，并立即通知承包商。此时，承包商除立即停止使用这些材料或工程设备外，还应与工程师共同研究补救措施。如果在使用过程中发现不合格材料，工程师应视具体情况，下达运出现场或降级使用的指示。②如果检查或检验结果表明业主提供的工程设备不符合合同要求，承包商有权拒绝接收，并要求业主予以更换。③如果因承包商使用了不合格材料和工程设备造成了工程损害，工程师可以随时发出指示，要求承包商立即采取措施进行补救，直至彻底清除工程的不合格部位及不合格材料和工程设备。④如果承包商无故拖延或拒绝执行工程师的有关指示，则业主有权委托其他承包商执行该项指示。由此造成的工期延误和增加的费用由承包商承担。

3.隐蔽工程

隐蔽工程和工程隐蔽部位是指已完成的工作面经覆盖后将无法事后查看的任何工程部位和基础。由于隐蔽工程和工程隐蔽部位的特殊性及重要性，因此没有工程师的批准，工程的任何部分均不得覆盖或使之无法查看。

对于将被覆盖的部位和基础在进行下一道工序之前，首先由承包商进行自检（"三检"），确认符合合同要求后，再通知工程师进行检查。工程师不得无故缺席或拖延，承包商通知时应考虑到给工程师留出足够的检查时间。工程师应按通知约定的时间到场进行检查，确认质量符合合同规定要求，并在检查记录上签字后，才能允许承包商进入下一道工序，进行覆盖。承包商在取得工程师的检查签证之前，不得以任何理由进行覆盖，否则，承包商应承担因补检而增加的费用和工期延误责任。如果由于工程师未及时到场检查，承包商因等待或延期检查而造成工期延误，则承包商有权要求延长工期和赔偿其停工、窝工等损失。

4.放线

（1）施工控制网

工程师应在合同规定的期限内向承包商提供测量基准点、基准线和水准点及其书面资料。业主和工程师应对测量点、基准线和水准点的正确性负责。

承包商应在合同规定期限内完成测设自己的施工控制网，并将施工控制网资料报送工程师审批。承包商应对施工控制网的正确性负责。此外，承包商还应负责保管全部测量基准和控制网点。工程完工后，应将施工控制网点完好地移交给业主。

工程师为了监理工作的需要，可以使用承包商的施工控制网，并不为此另行支付费用。此时，承包商应及时提供必要的协助，不得以任何理由加以拒绝。

（2）施工测量

承包商应负责整个施工过程中的全部施工测量放线工作，包括地形测量、放样测量、断面测量和验收测量等，并应自行配置合格的人员、仪器、设备和其他物品。

承包商在施测前，应将施工测量措施报告报送工程师审批。

工程师应按合同规定对承包商的测量数据和放样成果进行检查。工程师认为必要时还可指示承包商在工程师的监督下进行抽样复测，并修正复测中发现的错误。

5.完工验收和保修

（1）完工验收

完工验收指承包商基本完成合同中规定的工程项目后，移交给业主接收前的交工验收，不是国家或业主对整个项目的验收。基本完成是指不一定要合同规定的工程项目全部完成，有些不影响工程使用的尾工项目，经工程师批准，可待验收后在保修期中去完成。

1）完工验收申请报告

当工程具备了下列条件，并经工程师确认时，承包商即可向业主和工程师提交完工验收申请报告，并附上完工资料：①除工程师同意可列入保修期完成的项目外，已完成了合同规定的全部工程项目。②已按合同规定备齐了完工资料，包括：工程实施概况和大事记，已完工程（含工程设备）清单，永久工程完工图，列入保修期完成的项目清单，未完成的缺陷修复清单，施工期观测资料，各类施工文件、施工原始记录等。③已编制了在保修期内实施的项目清单和未修复的缺陷项目清单以及相应的施工措施计划。

2）工程师审核

工程师在接到承包商完工验收申请报告后的28天内进行审核并做出决定，或者提请业主进行工程验收，或者通知承包商在验收前尚应完成的工作和对申请报告的异议，承包商应在完成工作或修改报告后重新提交完工验收申请报告。

3）完工验收和移交证书

业主在接到工程师提请进行工程验收的通知后，应在收到完工验收申请报告后56天内组织工程验收，并在验收通过后向承包商颁发移交证书。移交证书上应注明由业主、承包商、工程师协商核定的工程实际完工日期。此日期是计算承包商完工工期的依据，也是工程保修期的开始。从颁发移交证书之日起，照管工程的责任即应由业主承担，且在此后14天内，业主应将保留金总额的50%退还给承包商。

4）分阶段验收和施工期运行

水利水电工程中分阶段验收有两种情况。第一种情况是在全部工程验收前，某些单位工程，如船闸、隧洞等已完工，经业主同意可先行单独进行验收，通过后颁发单位工程移交证书，由业主先接管该单位工程。第二种情况是业主根据合同进度计划的安排，需提前使用尚未全部建成的工程，如大坝工程达到某一特定高程可以满足初期发电时，可对该部分工程进行验收，以满足初期发电要求。验收通过应签发临时移交证书。工程未完成部分仍由承包商继续施工。对通过验收的部分工程由于在施工期运行而使承包商增加了修复缺陷的费用，业主应给予适当的补偿。

5）业主拖延验收

如业主在收到承包商完工验收申请报告后，不及时进行验收或在验收通过后无故不颁发移交证书，则业主应从承包商发出完工验收申请报告56天后的次日起承担照管工程的费用。

（2）工程保修

1）保修期（FIDIC条款中称为缺陷通知期）

工程移交前，虽然已通过验收，但是还未经过运行的考验，而且可能有一些尾工项目和修补缺陷项目未完成，所以还必须有一段时间用来检验工程的正常运行，这就是保修期。水利水电土建工程保修期一般为一年，从移交证书中注明的全部工程完工日期开始起算。在全部工程完工验收前，业主已提前验收的单位工程或部分工程，若未投入正常运行，其保修期仍按全部工程完工日期起算；若验收后投入正常运行，其保修期应从该单位工程或部分工程移交证书上注明的完工日期起算。

2）保修责任

①保修期内，承包商应负责修复完工资料中未完成的缺陷修复清单所列的全部项目。②保修期内如发现新的缺陷和损坏，或原修复的缺陷又遭损坏，承包商应负责修复。至于修复费用由谁承担，需视缺陷和损坏的原因而定，由于承包商施工中的隐患或其他承包商原因所造成，应由承包商承担；若由于业主使用不当或业主其他原因所致，则由业主承担。

保修责任终止证书（F1DIC条款中称为履约证书）。在全部工程保修期满，且承包商不遗留任何尾工项目和缺陷修补项目，业主或授权工程师应在28天内向承包商颁发保修责任终止证书。

保修责任终止证书的颁发，表明承包商已履行了保修期的义务，工程师对其满意，也表明了承包商已按合同规定完成了全部工程的施工任务，业主接收了整个工程项目。但此时合同双方的财务账目尚未结清，可能有些争议还未解决，故并不意味着合同已履行结束。

（3）清理现场与撤离

圆满完成清场工作是承包商进行文明施工的一个重要标志。一般而言，在工程移交证书颁发前，承包商应按合同规定的工作内容对工地进行彻底清理，以便业主使用已完成的工程。经业主同意后也可留下部分清场工作在保修期满前完成。

承包商应按下列工作内容对工地进行彻底清理，并须经工程师检验合格为止：工程范围内残留的垃圾已全部焚毁、掩埋或清除出场；临时工程已按合同规定拆除，场地已按合同要求清理和平整；承包商设备和剩余的建筑材料已按计划撤离工地，废弃的施工设备和材料亦已清除；施工区内的永久道路和永久建筑物周围的排水沟道，均已按合同图纸要求和工程师指示进行疏通和修整；主体工程建筑物附近及其上、下游河道中的施工堆积场，已按工程师的指示予以清理。

此外，在全部工程的移交证书颁发后42天内，除了经工程师同意，由于保修期工作需要留下部分承包商人员、施工设备和临时工程外，承包商的队伍应撤离工地，并做好环境恢复工作。

二、全面质量管理的基本概念

全面质量管理（TQM）是企业管理的中心环节，是企业管理的纲，和企业的经营目标是一致的。这就是要求将企业的生产经营管理和质量管理有机地结合起来。

（一）全面质量管理的基本概念

全面质量管理是以组织全员参与为基础的质量管理模式，代表了质量管理的最新阶段。20世纪末的ISO9000族标准中对全面质量管理的定义为：一个组织以质量为中心，以全员参与为基础，目的在于通过让顾客满意和本组织所有成员及社会受益而达到长期成功的管理途径。

（二）全面质量管理的基本要求

1.全过程的管理

任何一个工程（产品）的质量，都有一个产生、形成和实现的过程；整个过程是由多个相互联系、相互影响的环节所组成，每一环节都或轻或重地影响着最终的质量状况。因此，要搞好工程质量管理，必须把形成质量的全过程和有关因素控制起来，形成一个综合的管理体系，做到以防为主、防检结合、重在提高。

2.全员的质量管理

工程（产品）的质量是企业各方面、各部门、各环节工作质量的反映。每一环节，每一个人的工作质量都会不同程度地影响工程（产品）最终质量。工程质量人人有责，只有人人都关心工程的质量，做好本职工作，才能建成高质量的工程。

3.全企业的质量管理

全企业的质量管理一方面要求企业各管理层次都要有明确的质量管理内容，

各层次的侧重点要突出，每个部门应有自己的质量计划、质量目标和对策，层层控制；另一方面就是要把分散在各部门的质量职能发挥出来。如水利水电工程中的"三检制"，就充分反映了这一观点。

4.多方法的管理

影响工程质量的因素越来越复杂：既有物质的因素，又有人为的因素；既有技术因素，又有管理因素；既有企业内部因素，又有企业外部因素。要搞好工程质量，就必须把这些影响因素控制起来，分析它们对工程质量的不同影响，灵活运用各种现代化管理方法来解决工程质量问题。

（三）全面质量管理的基本指导思想

1.质量第一，以质量求生存

任何产品都必须达到所要求的质量水平，否则就没有或未实现其使用价值，从而给消费者、社会带来损失。从这个意义上讲，质量必须是第一位的。贯彻"质量第一"就要求企业全员，尤其是领导层，要有强烈的质量意识；要求企业在确定质量目标时，首先应根据用户或市场的需求，科学地确定质量目标，并安排人力、物力、财力予以保证。当质量与数量、社会效益与企业效益、长远利益与眼前利益发生矛盾时，应把质量、社会效益和长远利益放在首位。

"质量第一"并非"质量至上"。质量不能脱离当前的市场水准，也不能不问成本一味地讲求质量。应该重视质量成本的分析，把质量与成本加以统一，确定最适合的质量。

2.用户至上

在全面质量管理中，用户至上是一个十分重要的指导思想。"用户至上"就是要树立以用户为中心，为用户服务的思想。要使产品质量和服务质量尽可能满足用户的要求。产品质量的好坏最终应以用户的满意程度为标准。这里，所谓用户是广义的，不但指产品出厂后的直接用户，而且指在企业内部，下道工序是上道工序的用户。如混凝土工程，模板工程的质量直接影响混凝土浇筑这一下道关键工序的质量。每道工序的质量不仅影响下道工序的质量，也会影响工程进度和费用。

3.质量是设计、制造出来的，而不是检验出来的

在生产过程中，检验是重要的，可以起到不允许不合格品出厂的把关作用，同时还可以将检验信息反馈到有关部门。但影响产品质量好坏的真正原因并不在检验，而主要在于设计和制造。设计质量是先天性的，在设计的时候就已经决定了质量的等级和水平；而制造只是实现设计质量，是符合性质的。二者不可偏废，都应重视。

4.强调用数据说话

这就是要求在全面质量管理工作中具有科学的工作作风，在研究问题时不能满足于一知半解和表面，对问题不仅有定性分析，还尽量有定量分析，做到心中有"数"，这样才可以避免主观盲目性。

在全面质量管理中广泛地采用了各种统计方法和工具，其中用的最多的有"七种工具"，即因果图、排列图、直方图、相关图、控制图、分层法和调查表。常用的数理统计方法有回归分析、方差分析、多元分析、实验分析、时间序列分析等。

5.突出人的积极因素

从某种意义上讲，在开展质量管理活动过程中，人的因素是最积极、最重要的因素。与质量检验阶段和统计质量控制阶段相比较，全面质量管理阶段格外强调调动人的积极因素的重要性。这是因为现代化生产多为大规模系统，环节众多，联系密切复杂，远非单纯靠质量检验或统计方法就能奏效。必须调动人的积极因素，加强质量意识，发挥人的主观能动性，以确保产品和服务的质量。全面质量管理的特点之一就是全体人员参加的管理。"质量第一，人人有责"。

要增强质量意识，调动人的积极因素，一靠教育，二靠规范，需要通过教育培训和考核，同时还要依靠有关质量的立法以及必要的行政手段等各种激励及处罚措施。

（四）全面质量管理的工作原则

1.预防原则

在企业的质量管理工作中，要认真贯彻预防为主的原则，凡事要防患于未然。在产品制造阶段应该采用科学方法对生产过程进行控制，尽量把不合格品消灭在发生之前。在产品的检验阶段，不论是对最终产品还是在制品，都要及时反馈质量信息并认真处理。

2.经济原则

全面质量管理强调质量，但无论质量保证的水平还是预防不合格的深度都是没有止境的，必须考虑经济性，建立合理的经济界限，这就是所谓经济原则。因此，在产品设计制定质量标准、在生产过程中进行质量控制、在选择质量检验方式为抽样检验或全数检验等场合，都必须考虑其经济效益。

3.协作原则

协作是大生产的必然要求。生产和管理分工越细，就越要求协作。一个具体单位的质量问题往往涉及许多部门，如无良好的协作是很难解决的。因此，强调协作是全面质量管理的一条重要原则，也反映了系统科学全局观点的要求。

4.按照PDCA循环组织活动

PDCA循环是质量体系活动所应遵循的科学工作程序，周而复始、内外嵌套、循环不已，以求质量不断提高。

（五）全面质量管理的运转方式

质量保证体系运转方式是按照计划（plan）、执行（do）、检查（check）、处理（act）的管理循环进行的。它包括四个阶段和八个工作步骤。

1.四个阶段

（1）计划阶段

该阶段按使用者要求，根据具体生产技术条件，找出生产中存在的问题及其原因，拟定生产对策和措施计划。

（2）执行阶段

该阶段按预定对策和生产措施计划，组织实施。

（3）检查阶段

该阶段对生产成品进行必要的检查和测试，即把执行的工作结果与预定目标对比，检查执行过程中出现的情况和问题。

（4）处理阶段

该阶段把经过检查发现的各种问题及用户意见进行处理。凡符合计划要求的予以肯定，成文标准化；对不符合设计要求和不能解决的问题，转入下一循环以进一步研究解决。

2.八个步骤

第一，分析现状，找出问题，不能凭印象和表面做判断。结论要用数据表示。

第二，分析各种影响因素，要把可能因素一一加以分析。

第三，找出主要影响因素，要努力找出主要因素进行解剖，才能改进工作，提高产品质量。

第四，研究对策，针对主要因素拟定措施，制订计划，确定目标。

以上属P阶段工作内容。

第五，执行措施为D阶段的工作内容。

第六，检查工作成果，对执行情况进行检查，找出经验教训，为C阶段的工作内容。

第七，巩固措施，制定标准，把成熟的措施制定成标准（规程、细则），形成制度。

第八，遗留问题转入下一个循环。

以上第七、第八为A阶段的工作内容。

3.PDCA循环的特点

四个阶段缺一不可，先后次序不能颠倒。就好像一个转动的车轮，在解决质量问题中滚动前进，逐步使产品质量提高。

企业的内部PDCA循环各级都有，整个企业是一个大循环，企业各部门又有自己的循环。大循环是小循环的依据，小循环又是大循环的具体和逐级贯彻落实的体现。

PDCA循环不是在原地转动，而是在转动中前进。每个循环结束，质量便提高一步。必须指出，质量的好坏反映了人们质量意识的强弱，也反映了人们对提高产品质量意义的认识水平。有了较强的质量意识，还应使全体人员对全面质量管理的基本思想和方法有所了解。这就需要开展全面质量管理，必须加强质量教育的培训工作，贯彻执行质量责任制并形成制度，持之以恒，才能使工程施工质量水平不断提高。

第三节　工程质量统计与分析

一、质量数据

利用质量数据和统计分析方法进行项目质量控制，是控制工程质量的重要手段。通常，要通过收集和整理质量数据，进行统计分析比较，找出生产过程的质量规律，判断工程产品质量状况，发现存在的质量问题，找出引起质量问题的原因，并及时采取措施，从而预防和纠正质量事故，使工程质量始终处于受控状态。

质量数据是用以描述工程质量特征性能的数据。它是进行质量控制的基础，没有质量数据，就不可能有现代化的科学的质量控制。

（一）质量数据的类型

质量数据按其自身特征，可分为计量值数据和计数值数据；按其收集目的，可分为控制性数据和验收性数据。

1.计量值数据

计量值数据是可以连续取值的连续型数据。如长度、质量、面积、标高等特征，一般都是可以用量测工具或仪器等量测，一般都带有小数。

2.计数值数据

计数值数据是不连续的离散型数据。如不合格品数、不合格的构件数等，这些反映质量状况的数据是不能用量测器具来度量的，采用计数的办法，只能出现

0、1、2等非负数的整数。

3.控制性数据

控制性数据一般是以工序作为研究对象，是为分析、预测施工过程是否处于稳定状态而定期随机地抽样检验获得的质量数据。

4.验收性数据

验收性数据是以工程的最终实体内容为研究对象，以分析、判断其质量是否达到技术标准或用户的要求而采取随机抽样检验获取的质量数据。

（二）质量数据的波动及其原因

在工程施工过程中常可看到在相同的设备、原材料、工艺及操作人员条件下，生产的同一种产品的质量不同，反映在质量数据上，即具有波动性，其影响因素有偶然性因素和系统性因素两大类。偶然性因素引起的质量数据波动属于正常波动，偶然因素是无法或难以控制的因素，所造成的质量数据的波动量不大，没有倾向性，作用是随机的，工程质量只有偶然因素影响时，生产才处于稳定状态。由系统因素造成的质量数据波动属于异常波动，系统因素是可控制、易消除的因素，这类因素不经常发生，但具有明显的倾向性，对工程质量的影响较大。

质量控制的目的就是要找出出现异常波动的原因，即系统性因素是什么，并加以排除，使质量只受偶然性因素的影响。

（三）质量数据的收集

质量数据的收集总的要求是随机地抽样，即整批数据中每一个数据都有被抽到的同样机会。常用的方法有随机法、系统抽样法、二次抽样法和分层抽样法。

（四）样本数据特征

为了进行统计分析和运用特征数据对质量进行控制，经常要使用许多统计特征数据。统计特征数据主要有均值、中位数、极值、极差、标准偏差、变异系数，其中均值、中位数表示数据集中的位置；极值、极差、标准偏差、变异系数表示数据的波动情况，即分散程度。

二、质量控制的统计方法简介

通过对质量数据的收集、整理和统计分析，找出质量的变化规律和存在的质量问题，提出进一步的改进措施，这种运用数学工具进行质量控制的方法是所有涉及质量管理的人员所必须掌握的，可以使质量控制工作定量化和规范化。下面介绍几种在质量控制中常用的数学工具及方法。

（一）直方图法

1.直方图的用途

直方图又称频率分布直方图，是将产品质量频率的分布状态用直方图形来表示，根据直方图形的分布形状和与公差界限的距离来观察、探索质量分布规律，分析和判断整个生产过程是否正常。

利用直方图可以制定质量标准，确定公差范围，可以判明质量分布情况是否符合标准的要求。

2.直方图的分析

直方图有以下几种分布形式：

（1）正常对称型

说明生产过程正常，质量稳定。

（2）锯齿型

原因一般是分组不当或组距确定不当。

（3）孤岛型

原因一般是材质发生变化或他人临时替班。

（4）绝壁型

一般是剔除下限以下的数据造成的。

（5）双峰型

这是把两种不同的设备或工艺的数据混在一起造成的。

（6）平峰型

生产过程中有缓慢变化的因素起主导作用。

3.注意事项

第一，直方图属于静态的，不能反映质量的动态变化。

第二，画直方图时，数据不能太少，一般应大于50个数据，否则画出的直方图难以正确反映总体的分布状态。

第三，直方图出现异常时，应注意将收集的数据分层，然后画直方图。

第四，直方图呈正态分布时，可求平均值和标准差。

（二）排列图法

排列图法又称巴雷特法、主次排列图法，是分析影响质量主要问题的有效方法。将众多的因素进行排列，主要因素就一目了然。

排列图法是由一个横坐标、两个纵坐标、几个长方形和一条曲线组成的。左侧的纵坐标是频数或件数，右侧纵坐标是累计频率，横轴则是项目或因素。按项目频数大小顺序在横轴上自左向右画长方形，其高度为频数，再根据右侧的纵坐标画出累计频率曲线，该曲线也称巴雷特曲线。

（三）因果分析图法

因果分析图也叫鱼刺图、树枝图，是一种逐步深入研究和讨论质量问题的图示方法。在工程建设过程中，任何一种质量问题的产生，一般都是多种原因造成的，这些原因有大有小，把这些原因按照大小顺序分别用主干、大枝、中枝、小枝来表示，这样，就可一目了然地观察出导致质量问题的原因，并以此为据，制定相应对策。

（四）管理图法

管理图也称控制图，是反映生产过程随时间变化而变化的质量动态，即反映生产过程中各个阶段质量波动状态的图形。管理图利用上下控制界限，将产品质量特性控制在正常波动范围内，一旦有异常反应，通过管理图就可以发现，并及时处理。

（五）相关图法

产品质量与影响质量的因素之间常有一定的相互关系，但不一定是严格的函数关系，这种关系称为相关关系，可利用直角坐标系将两个变量之间的关系表达出来。相关图的形式有正相关、负相关、非线性相关和无相关。

第四节 工程质量事故的处理

工程建设项目不同于一般工业生产活动，其项目实施的一次性、生产组织特有的流动性、综合性、劳动的密集性、协作关系的复杂性和环境的影响，均导致建筑工程质量事故具有复杂性、严重性、可变性及多发性的特点，事故是很难完全避免的。因此，必须加强组织措施、经济措施和管理措施，严防事故发生，对发生的事故应调查清楚，按有关规定进行处理。

需要指出的是，不少事故开始时经常只被认为是一般的质量缺陷，容易被忽视。随着时间的推移，待认识到这些质量缺陷问题的严重性时，则往往处理困难，或难以补救，或导致建筑物失事。因此，除明显的不会有严重后果的缺陷外，对其他的质量问题，均应分析，进行必要处理，并做出处理意见。

一、工程事故的分类

凡水利水电工程在建设中或完工后，由于设计、施工、监理、材料、设备、工程管理和咨询等方面造成工程质量不符合规程、规范和合同要求的质量标准，影响工程的使用寿命或正常运行，一般须作补救措施或返工处理的，统称为工程质量事故。日常所说的事故大多指施工质量事故。

在水利水电工程中,按对工程的耐久性和正常使用的影响程度、检查和处理质量事故对工期影响时间的长短以及直接经济损失的大小,将质量事故分为一般质量事故、较大质量事故、重大质量事故和特大质量事故。

一般质量事故是指对工程造成一定经济损失,经处理后不影响正常使用、不影响工程使用寿命的事故。小于一般质量事故的统称为质量缺陷。

较大质量事故是指对工程造成较大经济损失或延误较短工期,经处理后不影响正常使用,但对工程使用寿命有较大影响的事故。

重大质量事故是指对工程造成重大经济损失或延误较长工期,经处理后不影响正常使用,但对工程使用寿命有较大影响的事故。

特大质量事故是指对工程造成特大经济损失或长时间延误工期,经处理后仍对工程正常使用和使用寿命有较大影响的事故。

二、工程事故的处理方法

(一)事故发生的原因

工程质量事故发生的原因很多,最基本的还是人、机械、材料、工艺和环境几方面。工程质量事故发生的原因一般可分直接原因和间接原因两类。

直接原因主要有人的行为不规范和材料、机械不符合规定状态。如设计人员不按规范设计、监理人员不按规范进行监理、施工人员违反规程操作等,属于人的行为不规范;又如水泥、钢材等某些指标不合格,属于材料不符合规定状态。

间接原因是指质量事故发生地的环境条件,如施工管理混乱、质量检查监督失职、质量保证体系不健全等。间接原因往往导致直接原因的发生。

事故原因也可从工程建设的参建各方来寻查,业主、监理、设计、施工和材料、机械、设备供应商的某些行为或各种方法也会造成质量事故。

(二)事故处理的目的

工程质量事故分析与处理的目的主要是:正确分析事故原因,防止事故恶化;创造正常的施工条件;排除隐患,预防事故发生;总结经验教训,区分事故责任;采取有效的处理措施,尽量减少经济损失,保证工程质量。

(三)事故处理的原则

质量事故发生后,应坚持"三不放过"的原则,即事故原因不查清不放过,事故主要责任人和职工未受到教育不放过,补救措施不落实不放过。

发生质量事故,应立即向有关部门(业主、监理单位、设计单位和质量监督机构等)汇报,并提交事故报告。

由质量事故而造成的损失费用，坚持事故责任是谁由谁承担的原则。如责任在施工承包商，则事故分析与处理的一切费用由承包商自己负责；施工中事故责任不在承包商，则承包商可依据合同向业主提出索赔；若事故责任在设计或监理单位，应按照有关合同条款给予相关单位必要的经济处罚。构成犯罪的，移交司法机关处理。

（四）事故处理的程序和方法

事故处理的程序是：

第一，下达工程施工暂停令。第二，组织调查事故。第三，事故原因分析。第四，事故处理与检查验收。第五，下达复工令。

事故处理的方法有两大类：

1.修补

这种方法适用于通过修补可以不影响工程的外观和正常使用的质量事故，此类事故是施工中多发的。

2.返工

这类事故严重违反规范或标准，影响工程使用和安全，且无法修补，必须返工。

有些工程质量问题虽严重超过了规程、规范的要求，已具有质量事故的性质，但可针对工程的具体情况，通过分析论证，不需做专门处理，但要记录在案。如混凝土蜂窝、麻面等缺陷，可通过涂抹、打磨等方式处理；欠挖或模板问题使结构断面被削弱，经设计复核验算，仍能满足承载要求的，也可不做处理，但必须记录在案，并有设计和监理单位的鉴定意见。

第五节　工程质量评定与验收

一、工程质量评定

（一）质量评定的意义

工程质量评定是依据国家或部门统一制定的现行标准和方法，对照具体施工项目的质量结果，确定其质量等级的过程。其意义在于统一评定标准和方法，正确反映工程的质量，使之具有可比性；同时也考核企业等级和技术水平，促使施工企业提高质量。

工程质量评定以单元工程质量评定为基础，其评定的先后次序是单元工程、分部工程和单位工程。

工程质量的评定在施工单位（承包商）自评的基础上，由建设（监理）单位复核，报政府质量监督机构核定。

（二）评定依据

①国家与水利水电部门有关行业规程、规范和技术标准。

②经批准的设计文件、施工图纸、设计修改通知、厂家提供的设备安装说明书及有关技术文件。

③工程合同采用的技术标准。

④工程试运行期间的试验及观测分析成果。

（三）评定标准

1.单元工程质量评定标准

单元工程质量等级按《水利水电工程施工质量检验与评定规程》（SL 176-2007）进行。当单元工程质量达不到合格标准时，必须及时处理，其质量等级按如下确定：

①全部返工重做的，可重新评定等级。

②经加固补强并经过鉴定能达到设计要求的，其质量只能评定为合格。

③经鉴定达不到设计要求，但建设（监理）单位认为能基本满足安全和使用功能要求的，可不补强加固；或经补强加固后改变外形尺寸或造成永久缺陷，经建设（监理）单位认为能基本满足设计要求的，其质量可按合格处理。

2.分部工程质量评定标准

分部工程质量合格的条件是：

①单元工程质量全部合格。

②中间产品质量及原材料质量全部合格，金属结构及启闭机制造质量合格，机电产品质量合格。

分部工程优良的条件是：

①单元工程质量全部合格，其中有50%以上达到优良，主要单元工程、重要隐蔽工程及关键部位的单位工程质量优良，且未发生过质量事故。

②中间产品质量全部合格，其中混凝土拌和物质量达到优良，原材料质量、金属结构及启闭机制造质量合格，机电产品质量合格。

3.单位工程质量评定标准

单位工程质量合格的条件是：

①分部工程质量全部合格。

②中间产品质量及原材料质量全部合格，金属结构及启闭机制造质量合格，机电产品质量合格。

③外观质量得分率达70%以上。

④施工质量检验资料基本齐全。

单位工程优良的条件是：

①分部工程质量全部合格，其中有70%以上达到优良，主要分部工程质量优良，且未发生过重大质量事故。

②中间产品质量全部合格，其中混凝土拌和物质量达到优良，原材料质量、金属结构及启闭机制造质量合格，机电产品质量合格。

③外观质量得分率达85%以上。

④施工质量检验资料齐全。

4.工程质量评定标准

单位工程质量全部合格，工程质量可评为合格；如其中50%以上的单位工程优良，且主要建筑物单位工程质量优良，则工程质量可评优良。

二、工程质量验收

（一）概述

工程验收是在工程质量评定的基础上，依据一个既定的验收标准，采取一定的手段来检验工程产品的特性是否满足验收标准的过程。水利水电工程验收分为分部工程验收、阶段验收、单位工程验收和竣工验收。按照验收的性质，可分为投入使用验收和完工验收。工程验收的目的是：检查工程是否按照批准的设计进行建设；检查已完工程在设计、施工、设备制造安装等方面的质量，并对验收遗留问题提出处理要求；检查工程是否具备运行或进行下一阶段建设的条件；总结工程建设中的经验教训，并对工程做出评价；及时移交工程，尽早发挥投资效益。

工程验收的依据是：有关法律、规章和技术标准，主管部门有关文件，批准的设计文件及相应设计变更、修设文件，施工合同，监理签发的施工图纸和说明，设备技术说明书等。当工程具备验收条件时，应及时组织验收。未经验收或验收不合格的工程不得交付使用或进行后续工程施工。验收工作应相互衔接，不应重复进行。

工程进行验收时必须要有质量评定意见，阶段验收和单位工程验收应有水利水电工程质量监督单位的工程质量评价意见；竣工验收必须有水利水电工程质量监督单位的工程质量评定报告，竣工验收委员会在其基础上鉴定工程质量等级。

（二）工程验收的主要工作

1.分部工程验收

分部工程验收应具备的条件是该分部工程的所有单元工程已经完建且质量全

部合格。分部工程验收的主要工作是：鉴定工程是否达到设计标准；按现行国家或行业技术标准，评定工程质量等级；对验收遗留问题提出处理意见。分部工程验收的图纸、资料和成果是竣工验收资料的组成部分。

2.阶段验收

根据工程建设需要，当工程建设达到一定关键阶段（如基础处理完毕、截流、水库蓄水、机组启动、输水工程通水等）时，应进行阶段验收。阶段验收的主要工作是：检查已完工程的质量和形象面貌；检查在建工程建设情况；检查待建工程的计划安排和主要技术措施落实情况，以及是否具备施工条件；检查拟投入使用工程是否具备运用条件；对验收遗留问题提出处理要求。

3.完工验收

完工验收应具备的条件是所有分部工程已经完建并验收合格。完工验收的主要工作是：检查工程是否按批准设计完成；检查工程质量，评定质量等级，对工程缺陷提出处理要求；对验收遗留问题提出处理要求；按照合同规定，施工单位向项目法人移交工程。

4.竣工验收

工程在投入使用前必须通过竣工验收。竣工验收应在全部工程完建后三个月内进行。进行验收确有困难的，经工程验收主持单位同意，可以适当延长期限。竣工验收应具备以下条件：工程已按批准设计规定的内容全部建成；各单位工程能正常运行；历次验收所发现的问题已基本处理完毕；归档资料符合工程档案资料管理的有关规定；工程建设征地补偿及移民安置等问题已基本处理完毕，工程主要建筑物安全保护范围内的迁建和工程管理土地征用已经完成；工程投资已经全部到位；竣工决算已经完成并通过竣工审计。

竣工验收的主要工作：审查项目法人"工程建设管理工作报告"和初步验收工作组"初步验收工作报告"；检查工程建设和运行情况；协调处理有关问题；讨论并通过"竣工验收鉴定书"。

第五章 工程建设进度控制

第一节 进度与进度计划

一、工程项目进度

进度通常是指工程项目实施结果的进展情况，在工程项目实施过程中要消耗时间（工期）、劳动力、材料、成本等才能完成项目的任务。在现代工程项目管理中，人们已赋予进度以综合的含义，将工期与工程实物、成本、劳动消耗、资源等统一起来，形成一个综合的指标，全面反映项目的实施状况。

工程项目进度控制是指在确定进度计划的基础上，在规定的控制时期内，对比分析实际进度状况与计划进度，对产生的偏差和原因进行分析，找出影响工期的主要因素，调整和修改计划进度，做好施工进度计划与项目总进度计划的衔接，明确进度各级管理人员的职责与工作内容，对进度计划的执行进行检查、分析与调整，按期完工。

进度控制的基本对象是工程活动。它包括项目结构图上各个层次的单元，上至整个项目，下至各个工作包（有时直到最低层次网络上的工程活动）。项目进度状况通常是通过各个工程完成程度（百分比）逐层统计汇总计算得到的。进度指标的确定对进度的表达、计算、控制有很大影响。由于一个工程有不同的子项目、工作包，它们的工作内容和性质不同，必须挑选一个共同的、对所有工程活动都适用的计量单位。

常用的进度指标，即进度的表述方式与控制目标有以下几个：

（一）时间

工程活动或整个项目的持续时间是进度的重要指标。常用已经使用的工期与计划工期相比较以描述工程完成程度。例如，计划工期两年，现已经进行了一年，则工期已达50%；一个工程活动，计划持续时间为30天，现已经进行了15天，则已完成50%。但通常人们还不能说工程进度已达50%，因为工期与人们通常概念上的进度是不一致的。工程的效率和速度不是一条直线，如通常工程项目开始时效率很低，进度慢；到工程中期投入最大，进度最快；而后期投入又较少。所以工期过了一半，并不能表示进度达到了一半，何况在已进行的工期中还存在各种停工、窝工、干扰的情况，实际效率可能远低于计划的效率。

（二）实物工程量

这主要针对专门的领域，这些领域生产对象简单、工程活动简单。例如：设计工作按资料数量（图纸、规范等）；混凝土工程（墙、基础、柱）按体积；设备安装按吨位；管道、道路按长度；预制件按数量、重量、体积；运输量按吨位和运输距离；土石方按体积或运载量；等等。

特别当项目的任务仅为完成这些分部工程时，以它们作为指标计算更能反映实际情况。

（三）完成投资

已完成工程的价值量用已经完成的工作量与相应的合同价格（单价）或预算价格计算。它将不同种类的分项工程统一起来，能够较好地反映工程的进度状况，是常用的进度指标。

（四）资源消耗

最常用的资源消耗包括劳动工时、机械台班、成本的消耗等。它们有统一性和较好的可比性，即各个工程活动甚至整个项目都可用它们作为指标，这样可以统一分析尺度。但在实际工程中要注意如下问题：

投入资源数量和进度有时候会有背离、会产生误导。例如，某活动计划需要100工时，现已用了60工时，则进度已达60%。这仅是偶然的，计划劳动率和实际劳动率通常不会完全相等。

由于实际工作量和计划经常有差别。例如，某工程计划100工时，由于工程变更、工程难度增加、工作条件变化，应该需要120工时。现完成60工时，实质上仅完成50%，而不是60%，所以只有当计划正确（或反映最新情况），并按预定的效率施工时才得到正确的结果。

用成本反映工程进度是经常的，但这里有如下因素要剔除：

不正常原因造成的成本损失，如返工、窝工、工程停工；

由于价格原因（如材料涨价、工资提高）造成的成本的增加；

考虑实际工程量，工程（工作）范围的变化造成的影响。

（五）形象面貌

对于水利工程而言，工程施工的形象面貌能直接反映工程进度情况。以大坝混凝土浇筑为例，把不同坝段在不同时刻达到的高程能否满足导流度汛、接缝灌浆、金属结构安装要求，作为大坝施工进度的主要控制目标。

二、进度计划

目前国内外进度计划的基本表达形式主要有横道图和网络图。

（一）横道图

横道图是一种最直观的工期计划方法。它在国外又被称为甘特图，在工程中广泛使用。在网络进度计划及相应的计算机进度控制软件出现之前，这种方法受到普遍的欢迎。横道图以横坐标表示时间，工程活动在图的左侧纵向排列，以活动所对应的横道位置表示活动的起始时间，横道的长短表示持续的时间的长短。横道图可以清楚地反映实际和计划进度的对比。

横道图法用线条形象地表现了各个分项工程的施工进度，综合地反映了各分部工程之间的关系和各施工队在时间上和空间上开展工作的相互配合关系。但当搭接和公众配合之间的关系复杂时，就难以充分暴露矛盾。尤其是在计划的执行过程中，某项工作由于某种原因提前和拖后了，将对其后续工作产生难以分清责任的影响，不能反映出施工中的主要矛盾，不利于及时调整计划和指挥生产。在实际工程中，横道图一般只用于小型工程或施工过程相对简单的工程中。

（二）网络图

网络图作为一种计划的编制和表达方法，与常用的横道图具有相同的功能；但与横道图不同，网络计划采用加注作业时间的箭头（双代号表示法）和节点组成的网状图形来表示工程施工的进度。

（三）其他方法

新横道图是将网络计划的技术与横道图相结合的方法，它兼有横道图和网络图的优点，现已逐渐开始使用。

现代各种计划方法中，网络图、速度图、线形图等都可与横道图等效使用。

第二节　进度计划的产生

一、工期目标

（一）目标确定

工程项目管理的重要任务是对项目的目标（投资、进度、质量）进行有效的控制。就进度控制而言，编制进度计划时必须合理确定项目的进度目标，明确项目进度实施控制的目标，并与进度计划实施相协调。

工期进度控制的总目标与工期控制是一致的，但控制过程中它不仅追求时间上的吻合，还追求在一定时间内工作量的完成程度（劳动效率和劳动成果）或消耗的一致性。

对于项目进度控制的目标，有些工程项目比较清楚，是单一的管理目标；而多数工程项目是一个以目标为主、兼顾多个目标的目标体系；还有些工程项目开始施工时，项目进度控制的目标还比较模糊，这时应及时分析工程项目的背景、目的及工程项目的经济效益与社会效益，研究实现进度控制目标的标准、条件、可能性，建立进度目标体系。在分析研究成果的基础上，要对进度目标体系按主次关系进行排队，确定实现目标的先后顺序，明确实现目标的控制标准。

工程项目进度计划的编制需要从项目施工计划的整体出发，根据系统工程的观点，将一个项目逐级分解成若干个子项目（或称工作单元），以便明确进度控制的管理目标。编制子项目的网络计划，可以明确进度控制责任人，有效地组织进度计划的实施，并能控制整个工程项目网络计划系统的实施。

特别是大、中型工程项目，建设周期长，影响因素错综复杂，若干个相互独立的单项工程项目的网络计划，不能全面反映整个工程项目各个阶段之间的衔接和制约关系，没有全面反映工程项目进度控制的综合平衡问题。为了解决这个问题，必须建立工程项目网络计划系统。

（二）进度控制目标划分

为了防止施工项目进度的失控，必须建立明确的进度目标，并按项目的分解建立各层次的进度分目标，上级目标控制下级目标，下级目标保证上级目标，最终实现施工项目进度的总目标。

1.按施工项目组成分解

按施工项目组成分解，确定主要工程项目的开工日期。主要工程项目的进度目标是项目建设总进度计划和工程项目年度计划的具体体现。在工程项目阶段要进一步明确各主要工程项目的开工和竣工日期，保证工程项目总进度目标的实现。

2.按工程项目阶段分解

按工程项目阶段分解，确定进度控制的里程碑。根据工程项目的特点，将其施工项目分成几个阶段，每一阶段的起止时间都要有明确的里程碑。特别是不同承包单位的施工段之间，更要明确划定时间分界点，以此作为形象进度的控制标志，使工程项目进度控制目标具体化。

3.按项目计划分解

按项目计划分解，组织工程项目。将工程项目的进度控制目标按年、季度、月（或旬）进行分解，用施工实物工程量、货币工作量及形象进度来表示，便于监理工程师明确对承包单位进度控制的要求。同时，该计划可以作为进度计划的实施、监督、检查的依据。计划期越短，进度目标越具体，进度跟踪就越及时，纠正进度偏差所采取的措施就更有效，使计划有步骤地协调长期目标与短期目标、下级进度目标与总目标的关系，按期实现项目的进度控制目标和竣工交付使用的目的。

二、项目划分

（一）划分原则

项目结构分解是将项目行为系统分解成相互独立、相互影响、相互联系的工程活动。在项目管理中，通常将这项工作的结果称为工作分解结构（WBS）。

工程项目计划系统的目标确定后，可按项目结构或项目进展阶段进行分解，以便分解后可编制各子项目计划，最终编制出整个工程项目的总进度计划。每一个单元（不分层次，无论在总项目的结构图中或在子结构图中）又统一被称为项目单元。项目结构图表达了项目总体的结构框架。工程项目工作分解结构的特点是能确保建设参与者从整体出发，明确各自的责任，使计划有效地实施。在分解结构中，各项目计划具有相对独立的作业，项目参与者责权分明，易于管理。

（二）项目分解过程

对于不同种类、性质、规模的项目，从不同的角度，其结构分解的方法和思路有很大的差别，但分解过程很相近，其基本思路是：以项目目标体系为主导，以工程技术系统范围和项目的总任务为依据，由上而下、由粗到细地进行。一般经过如下几个步骤：

①将项目分解成单个定义的且任务范围明确的子部分（子项目）；②研究并确定每个子部分的特点、结构规则和实施结果，以及完成每个子部分所需的活动，以做进一步的分解；③将各层次结构单元（直到最低层的工作包）收集于检查表

上，评价各层次的分解结果；④用系统规则将项目单元分组，构成系统结构图（包括子结构图）；⑤分析并讨论分解的完整性；⑥由决策者决定结构图，并形成相应的文件；⑦建立项目的编码规划，对分解结果进行编码。

（三）注意的问题

随着项目结构分解的细化，工期计划也逐步细化。项目最低层次的单元是工作包（相当于单元工程），在工期计划中，工作包可以进一步分解到工序。这些工序构成子网络，它们是项目总网络的基础。在详细的工期计划中，通常首先确定这些工序的持续时间，进而分析工作包（子网络）的持续时间，再做总网络的分析。工作包进一步分解要考虑：

①持续时间和工作、过程的阶段性；②工作过程的不同专业特点和不同工作内容；③工作的不同承担者；④建筑物的不同层次和不同工作区段等因素。例如，通常基础混凝土施工可以分解为垫层、支模板、扎钢筋、浇捣混凝土、拆模板、回填土等。

三、历时确定

为了论述的方便，在工期计划中可以将工序、工作包和更高层的项目单元统一称为工程活动。因为有的工作包，甚至更高层的项目单元内容比较简单，活动单一，持续时间可以直接确定。工程活动持续时间的确定应由本活动的负责人完成。当需要时，顾客和其他利益相关者也应参与该项活动。

（一）能定量化的工程活动

对于有确定的工作范围和工作量，又可以确定劳动效率的主工程活动，可以比较精确地计算持续时间。一般包括：

1.工程范围的确定及工作量的计算

这可由合同、规范、图纸、工作量表得到。

2.劳动组合和资源投入量的确定

在工程中，完成上述工程活动，需要什么工种的劳动力、什么样的班组组合（人数、工种级配和技术级配）。这里要注意：

（1）项目可用的总资源限制

如劳动力限制、运输设备限制，这常常要放到企业的总计划的资源平衡中考虑。

（2）合理的专业和技术级配

如混合班组中各专业的搭配，技工、操作工、粗壮工人数比例合理，可以按工作性质安排人，达到经济、高效率的组合。

（3）各工序（或操作活动）人数安排比例合理

例如，混凝土班组中上料、拌和、运输、浇捣、面处理等工序人数比例安排合理，使各个环节都达到高效率，不浪费人工和机械。

（4）保证每人一定的工作面

工作面小会造成互相影响，降低工作效率。

3.确定劳动效率

劳动效率可以用单位时间完成的工程数量（产量定额）或单位工程量的工时消耗量（工时定额）表示。它除了决定于该工程活动的性质、复杂程度外，还受劳动者的培训和工作熟练程度，季节、气候条件，实施方案，装备水平及工器具的完备性和实用性，现场平面布置和条件，人的因素（如工作积极性）等因素的制约。

在确定劳动效率时，通常考虑一个工程小组在单位时间内的生产能力或完成该工程活动所需的时间（包括各种准备、合理休息、必需的间歇等因素）。

我国有通用的劳动定额，在具体工程中使用通用定额时应考虑前述因素，可以用系数加以调整。

（二）非定量化的工作

有些工程活动的持续时间无法定量计算得到，因为其工作量和生产效率无法定量化。如项目的技术设计、招标投标工作以及一些属于白领阶层的工作。对于这些可以考虑按过去的工程经验或资料分析确定。

非定量化的工作要充分地与任务承担者协商确定。特别有些活动由其他的分包商、供应商承担，在给他们下达任务、确定分包合同时应认真协商，确定持续时间，并以书面（合同）的形式确定下来。在这里要分析研究他们的能力，在对他们的进度进行管理时经常要考虑到行为科学的作用。

（三）持续时间不确定情况的分析

有些活动的持续时间不能确定，这通常由于：

①工作量不确定；②工作性质不确定，如基坑挖土，土的类别会有变化，劳动效率也会有很大的变化；③受其他方面的制约，例如对承包商提供的图纸，合同规定监理工程师的审查批准期在14天之内；④环境的变化，如气候对持续时间的影响。

（四）工程活动和持续时间都不确定的情况

有时在计划阶段尚不能预见（或详细定义）后面的实施过程，例如在研究、革新、开发项目中，后期工作可能有多种选择，而每种选择的必要性、内容、范围、所包括的活动等都要依赖前期工作所获得的项目成果或当时的环境状态。在对这样的工程活动进行安排时应注意：

1.采用滚动计划安排

对近期的确定性的工做作详细安排，对远期的计划不做确定性的安排，如不过早地订立合同。但为了节约工期常常又必须预先做方案准备，建立各种任务的委托意向联系。

2.加强对中间决策工作和决策点的控制

一般按照上阶段成果来确定下阶段目标和总计划，进而详细安排下阶段的工作计划。对这种情况，可以采用一些特殊的网络形式，如GERT（图形评审技术）网络。

四、关系建立

（一）工程活动的逻辑关系

在工作包中各工程活动之间以及工作包之间存在着时间上的相关性，即逻辑关系。只有全面定义了工程活动之间的逻辑关系才能将项目的静态结构演变成一个动态的实施过程，才能得到网络。工程活动的逻辑关系的安排是计划的一个重要方面。

1.几种形式的逻辑关系

两个活动之间有不同的逻辑关系，逻辑关系有时又被称为搭接关系，而搭接所需的持续时间又被称为搭接时距。常见的搭接关系有：

（1）FTS

FTS（finish to start）即结束—开始关系。这是一种常见的逻辑关系。例如，混凝土浇捣成型之后，至少要养护7天才能拆模。这里的7天为搭接时距，即拆模开始时间至少在浇捣混凝土完成7天后才能进行，不得提前。当搭接时距为0时，即紧前活动完成后可以紧接着开始紧后活动。

（2）STS

STS（start to start）即开始—开始关系。紧前活动开始后一段时间，紧后活动才能开始，即紧后活动的开始时间受紧前活动开始时间的制约。例如，某基础工程采用井点降水，按规定抽水设备安装完成，开始抽水1天后，即可开挖基坑。

（3）FTF

FTF（finish to finish）即结束—结束关系。紧前活动结束一段时间后，紧后活动才能结束，即紧后活动的结束时间受紧前活动结束时间的制约。例如，基础回填土结束后基坑排水才能停止。

（4）STF

STF（start to finish）即开始—结束关系。紧前活动开始一段时间后，紧后活动才能结束，这在实际工程中用的较少。

上述搭接时距是容许的最小值，即实际安排可以大于它，但不能小于它。例如，浇混凝土后至少7天才能拆模，10天也可以，但5天就不行。搭接时距还可能有最大值定义，例如，按施工计划规定，材料（砂石、水泥等）入场必须在混凝土浇捣前2天内结束，不得提前，否则会影响现场平面布置。又如，按规定基坑挖土完成后，最多在2天内必须开始做垫层，以防止基坑土反弹和其他不利因素影响质量。

2.逻辑关系的安排及搭接时距的确定

工程活动逻辑关系的安排和搭接时距的确定是一项专业性很强的工作，由项目的类型和工程活动性质所决定。这要求管理者对项目的实施过程，特别是技术系统的建立过程有十分深入的理解。一般从以下几个方面来考虑：

（1）按系统工作过程安排

任何工程项目必须依次经过目标设计—可行性研究设计和计划—实施、验收—运行各个阶段，不能打破这个次序，这是由项目自身的逻辑决定的。

（2）专业活动之间的搭接关系

各种设备（如水、电等）安装必须与土建施工活动交叉、搭接。

（3）自然的规律

例如，只有做完基础之后才能进行上部结构的施工，只有完成结构后才能做装饰工程等。

（4）技术规范的要求

例如，前述混凝土浇捣之后，按规范至少需养护7天才能拆模；墙面粉刷后至少需10天才能上油漆，否则不能保证质量。

（5）办事程序要求

例如设计图纸完成后必须经过批准才能施工，而批准时间按合同规定最多14天。

（6）施工计划的安排

例如，在一个工厂建设项目中有五个单项工程，是按次序施工，还是平行施工，或采取分段流水施工，这由施工组织计划来安排的。

（7）其他情况

如施工顺序的安排要考虑到人力、物力的限制；当工期或资源不平衡时，常常要调整施工顺序；要考虑气候的影响，如应在冬雨季到来之前争取主楼封顶等；对承包商来说，有时还会考虑到资金的影响，如考虑尽早收回工程款、减少垫支等；对有些永久性建筑建成后可以服务于施工的，可考虑先建，如给排水设施、输变电设施、现场道路工程等。

（二）施工作业的组织形式

在工程项目施工中，组织同类项目或将一个项目分成若干个施工区段进行施工时，根据施工过程的连续性、协作性、均衡性和经济性的要求，空间组织和时间组织的关系，可以采用不同的施工组织方式，如顺序施工、平行施工、流水施工等组织方式。不同的组织方式具有不同的特点。

1.顺序施工

顺序施工即指前一个施工过程完工后才开始下一个施工过程，一个过程紧接着一个过程依次施工下去，直至完成全部施工过程的施工组织方式。

顺序施工的特点是：①能够充分利用工作面，工期长；②如按专业成立工作队，各专业不能连续作业，有时间间歇，劳动力及施工机具等无法均衡使用；③如果由一个工作队完成所有施工任务，不能实现专业化施工，不利于提高劳动生产率和工程质量；④单位时间投入的劳动力、施工机具、材料等资源量较少，有利于资源供应的组织；⑤施工现场的组织管理简单。

2.平行施工

平行施工是指工程对象的所有施工过程同时投入作业的施工组织方式。

平行施工的特点是：①充分利用工作面进行施工，工期短；②如果每一个施工对象均按专业成立工作队，各专业队不能连续作业，劳动力及施工机具等无法均衡使用；③如果由一个工作队完成一个施工对象的全部施工任务，则不能实现专业化施工，不利于提高劳动生产率和工程质量；④单位时间内投入的劳动力、施工机具、材料等资源量成倍地增加，不利于资源供应的组织；⑤施工现场的组织管理比较复杂。

3.流水施工

流水施工是由固定组织的工人在若干个工作性质相同的施工环境中依次连续地工作的施工组织方式。

流水施工的特点是：①尽可能利用工作面进行施工，工期比较短；②各工作队实现了专业化施工，有利于提高技术水平和劳动生产率，也有利于提高工程质量；③专业工作队能够连续施工，同时使相邻专业队的开工时间能够最大限度地搭接；④单位时间投入的资源量比较均衡，有利于资源供应的组织；⑤为施工现场的文明施工和科学管理创造了有利条件。

第三节　进度计划的计算与分析

一、事件时间

事件在双代号法中用结点表示，因此，事件时间又称为结点时间。事件是施工过程中的阶段性特征，事件的实现标志着事件紧前活动的完成与紧后活动可以开始。

由于网络中的活动安排有一定的机动性，事件的实现也有机动性。因此，事件时间有最早事件时间与最迟事件时间之分。最早事件时间是该事件的全部紧前活动完成的最早时间，最迟事件时间则为在不影响总工期的前提下，其紧后活动必须开始的最迟时间。

显而易见，活动的开始时间由其紧前结点的时间所决定，而结点的时间又由其紧前活动的结束时间决定。因此，结点时间与活动时间的计算是互为前提、交叉进行的，这点在本节介绍的算法中可以清楚地表现出来。

二、活动时间参数定义

在与活动有关的时间参数中，活动的历时反映了活动本身进行所需要的时间，一般来说与计划关系不大，由活动的施工特性（如工程量、施工技术水平等）所决定。而活动安排在何时进行、机动性如何则由以下几个参数决定。

（一）最早开始时间

最早开始时间是活动开始的最早可能时间，该项活动具备开始条件的那一时刻，也就是活动的紧前活动全部完成的时刻。因此，活动的最早开始时间等于其紧前活动（也按最早开工计划）完成时间的最大值。

（二）最早结束时间

当一项活动按最早开始时间开工时，其对应的完成时间则称为最早结束时间。

（三）最迟开始时间

在保证总工期和有关时限约束的前提下，某项活动最迟必须开始的时间称为该项活动的最迟开始时间。

（四）最迟结束时间

活动的最迟结束时间指在不影响总工期和有关时限约束的前提下，活动最迟必须完成的时间。

（五）时差

在不延误总工期的前提下，一项活动可以延误的时间叫该活动的总时差，有时也称为工作时差。

（六）自由时差

自由时差又称为局部时差，它是在不影响后续活动最早开始的前提下，活动可以延误的时间。

有时，自由时差与局部时差的意义不同。在这种情况下，局部时差的定义与上述自由时差相同，而自由时差的定义则为：某一活动按最迟开工计划开始，而不影响其后续活动按最早开工计划开始时，活动可以延误的时间。这一自由时差定义的意义在于，可以将该自由时差的机动时间（若大于0时）用来延长该活动的历时，而不会对整个计划产生任何影响。

（七）开工计划

开工计划是指网络中活动进行时间的安排计划。最早开工计划指网络中的活动都按其最早开始时的计划。最迟开工计划的含义与之相反，表示活动都按最迟开工时间进行的计划。实际工程中的施工计划可以是上述二者之一，也可以介于上述二者之间。

第四节　实施控制与调整

一、工程项目进度控制意义与过程

建设工程项目进度控制，是对项目进度目标进行分析和论证，在收集资料和调查研究的基础上编制进度计划，并在动态的管理过程中，对进度计划进行跟踪调查、调整和总结，通过控制以实现工程的进度目标。其基本过程为：

采用各种控制手段保证项目及各个工程活动按计划及时开始，在工程过程中记录各工程活动的开始和结束时间及完成程度。

在各控制期末（如月末）将各活动的完成程度与计划对比，确定整个项目的完成程度，并结合工期、生产成果、劳动效率、消耗等指标，评价项目进度状况，分析其中的问题，找出需要采取纠正措施的地方。

对下期工作做出安排，对一些已开始但尚未结束的项目单元的剩余时间做估算，提出调整进度的措施，根据已完成状况做新的安排和计划，调整网络，重新进行网络分析，预测新的工期状况。

对调整措施和新计划做出评审，分析调整措施的效果，分析新的工期是否符合目标要求。

二、工程项目进度实施控制方法

工程项目进度实施控制是工程项目进度控制的主要环节，常用的控制方法有横道图控制法、S形曲线控制法、香蕉形曲线比较法、前锋线比较法等。

（一）横道图控制法

人们常用的、最熟悉的方法是用横道图编制实施进度计划，控制施工进度，指导项目的实施。它简明、形象和直观，编制方法简单，使用方便。

横道图控制法是在项目过程实施中，收集检查实际进度的信息，经整理后直接用横道线表示，并直接按原计划的横道线进行比较的方法。由于施工项目中各个工序（或工作）实施速度的进度控制的要求不一定相同，可采用移动式进度计划控制法。

移动式进度计划控制方法是按照时间坐标（季度、月、周、日）在同一条粗实线的上下方分别标注两组工程量（目标计划工程量和实际完成工程量），以图示的方法描述目标进度与当前进度之间的状态。比较当前进度与目标进度之间工程量的差异，可以得到工序的完成情况（按时、推迟或提前），粗实线的尾部表示工序实际完成的工程量和完成时间，它始终在控制的目标时间前后移动，称这种方法为移动式进度计划。

移动式进度计划控制方法最适用于短期的单项关键工序，在众多的项目同时施工时，它可以抓住关键、重点突破，以确保关键工序的形象进度，无论从工程量的完成还是工程项目工期的长短，都能以图示的形式用时间直接反映出当前进度与目标进度之间的关系。

（二）S形曲线控制法

S形曲线是一个以横坐标表示时间、纵坐标表示工作量完成情况的曲线图。该工作量的具体内容可以是实物工程量、工时消耗或费用，也可以是相对的百分比。对于大多数工程项目来说，在整个项目实施期内单位时间（以天、周、月、季等为单位）的资源消耗（人、财、物的消耗）通常是中间多而两头少。即项目实施前期资源的消耗较少，随着时间的增加而逐渐增加，在某一时期到达高峰后又逐渐减少直至项目完成，由于这一特性，资源消耗累加后便形成一条中间陡而两头平缓的形如"S"的曲线。

（三）香蕉形曲线比较法

香蕉形曲线是由两条以同一开始时间、同一结束时间的S形曲线项目后续进度组合。

其中，一条S形曲线是工作按最早开始时间安排进度所绘制的S形，简称ES曲线；而另一条S形曲线是工作按最迟开始时间安排进度所绘制的S形曲线，简称LS曲线。除了项目的开始和结束时刻外，ES曲线在LS曲线的上方同一时刻两条曲线应完成的工作量是不同的。

利用香蕉形曲线除可进行进度计划的合理安排、实际进度与计划进度的比较外，还可对项目后续工作的工期进行预测。

（四）前锋线比较法

前锋线比较法也是一种简单地进行项目进度计划分析和控制的方法，主要适用于时标网络进度计划。它是从检查项目进度计划的时标点开始，一次连接工作箭线实际进度的时标点，将所有正在进行的工作时标点连接成一条折线，这条折线被称为前锋线。比较前锋线与计划进度的位置来判定项目的实际进度与计划进度之间的偏差。采用前锋线比较法分析进度计划的步骤为：

1.绘制进度计划的早时标网络图

2.绘制项目进度计划的前锋线

项目进度计划的前锋线是在早时标网络图上绘制的。在早时标网络图的上方和下方各设一时间坐标轴，从上时间坐标轴的检查时刻起，一次连接工作箭线的实际进度时标点，直到下时间坐标轴的检查时刻为止。

3.比较分析实际进度与计划进度

项目进度计划的前锋线能够给出工作的实际进度与计划进度的关系，一般有三种情况：工作的实际进度时标点与检查的时间坐标点相同，说明工作的实际进度是一致的；工作的实际进度时标点在检查的时间坐标右侧，说明工作实际进度超前，超前时间为两者之差；工作的实际进度时标点在检查的时间坐标点左侧，说明工作实际进度拖后，拖后时间为两者之差。

采用进度计划的前锋线比较分析实际进度与计划进度，适用于匀速进展的工作。非匀速进展的工作的较为复杂，在此不做介绍。

三、进度计划实施中的调整方法

（一）分析偏差对后继工作及工期影响

当进度计划出现偏差时，需要分析偏差对后继工作产生的影响。分析的方法主要是利用网络计划中工作的总时差和自由时差来判断。工作的总时差（TF）是指在不影响项目工期，但影响后继工作的最早开始时间的条件下，该工作拥有的最大机动时间；而工作的自由时差是指在不影响后继工作按最早开始时间的条件下，工作拥有的最大机动时间。利用时差分析进度计划出现的偏差，可以了解进度偏差对进度计划的局部影响和对进度计划的总体影响。具体分析步骤如下：

1.判断进度计划偏差是否在关键线路上

如果出现进度偏差工作的总时差等于零，说明工作在关键线路上，无论其偏差有多大，都对其后继工作和工期产生影响，必须采取相应的调整措施；如果总时差大于零，说明工作在非关键线路上，偏差的大小对后继工作和工期是否产生影响以及影响的程度还需要进一步分析判断。

2.判断进度偏差是否大于总时差

如果工作的进度偏差大于工作的总时差，说明偏差必将影响后继工作和项目的总工期；如果偏差不大于工作的总时差，说明偏差不会影响项目的总工期，但是否对后继工作产生影响，还需进一步与自由时差进行比较判断来确定。

3.判断进度偏差是否大于自由时差

如果工作的进度偏差大于工作的自由时差，说明偏差将对后继工作产生影响，但偏差不会影响项目的总工期；反之，如果偏差不大于工作的自由时差，说明偏差不会对后继工作产生影响，原进度计划可不做调整。

（二）进度计划实施中的调节方法

从实现进度的控制目标来看，可行的调整方案可能有多种，存在一个方案优选的问题。一般来说，进度调整的方法主要有以下两种：

1.改变工作之间的逻辑关系

改变工作之间的逻辑关系主要是通过改变关键线路上工作之间的先后顺序、逻辑关系来实现缩短工期的目的。例如，若原进度计划按比较保守的方式编制，即各项工作分别实施，也就是说某项工作结束后，另一项工作才开始。通过改变工作之间的逻辑关系、相互间搭接关系，便可达到缩短工期的目的。采取这种方式进行调整时，由于增加了工作之间的相互搭接时间，进度控制工作显得更加重要，实施中必须做好协调工作。

2.改变工作延续时间

改变工作延续时间与改变工作之间的逻辑关系不同，它主要是对关键线路上工作本身的调整，工作之间的逻辑关系并不发生变化。例如，某一项目的进度拖延后，为了加快进度，通常采用压缩关键线路上工作的持续时间、增加相应的资源来达到加快进度的目的。这种调整方式通常在网络计划图上直接进行，调整方法与限制条件以及对后继工作的影响程度的不同有关，一般可考虑以下三种情况：

第一，在网络图中，某项工作进度拖延，但拖延的时间在该工作的总时差范围内、自由时差以外。

根据前面分析的方法，这种情况不会对工期产生影响，只对后继工作产生影响。因此，在进行调整前，要确定后继工作容许拖延的时间限制，并作为进度调整的限制条件。确定这个限制条件有时很复杂，特别是当后继工作由多个平行的分包单位负责实施时更是如此。后继工作在时间上产生的任何变化都可能使合同不能正常履行，受损失的一方可能向业主提出索赔。例如，在进度执行过程中，如果设计单位拖延了交图时间，并且对后续工程项目产生影响。由于推迟交图而造成工程项目拖后，可能造成施工单位人力、机具等的窝工，增加工程项目成本。施工单位有责任按合同规定的价格和按规定的时间完成工程项目任务，由于推迟交图造成的损失，有权向业主提出索赔。因此，寻找合理的调整方案，把对后继工作的影响减少到最低程度，是工程项目管理的一项重要工作。

第二，在网络图中，某项工作进度的拖延时间大于该项工作的总时差

这种情况可能是该项工作在关键线路上；也可能在非关键线路上，但拖延的时间超过了总时差。无论哪种情况都会对后继工作及工期产生影响，其进度的调整方法可分为以下三种情况：

①项目工期不允许拖延。在这种情况下，只有采取缩短关键线路上后继工作的持续时间（消除负时差），以保证工期目标的实现。②项目工期允许拖延。此时只需用实际数据代替原始数据，重新计算网络计划的有关时间参数。③项目工期允许拖延，但时间有限。有时工期虽然允许拖延，但拖延的时间受到一定的限制。如果实际拖延的时间超过了该限制，需要对网络计划进行调整，以满足进度控制的要求。

调整的方法是以工期的限制时间作为规定工期，对未实施的网络计划进行工期—费用优化。通过压缩网络图中某些工作的持续时间，使总工期满足规定工期的要求。具体步骤如下：

①化简网络图，去掉已经执行的部分，以进度检查时间作为开始节点起点时间，将实际数据代入化简网络图中；②以简化的网络图和实际数据为基础，计算工作最早开始时间；③以总工期容许拖延的极限时间作为计算工期，计算各工作最迟开始时间。

以上三种进度调整方式，都是以工期为限制条件来进行的。值得注意的是，当工作时间的拖延超过总时差，在进度进行调整时，除了考虑工期的限制条件外，还应考虑网络图中的一些后继工作在时间上是否也有限制条件，特别是在总进度计划控制中，更应注意这一点。在这类网络图中，一些后继工作也许是一些独立的工程项目合同段，任何时间上的变化都会带来协调上的麻烦或者引起索赔。因此，当网络计划中某些后继工作对时间的拖延有限制时，可以用时限网络计划按上述方法进行调整。

第三，工作进度超前。在计划阶段所确定的工期目标，往往是综合考虑各方

面因素优选的合理工期。正因如此，网络计划中工作进度的任何变化，无论是拖延，还是超前，都可能造成其他目标的失控，如造成费用增加等。例如，在一个项目工程总进度计划中，由于某项工作的超前，致使资源的使用发生变化，不仅会影响原进度计划的继续执行，也会影响各项资源的合理安排。特别是施工项目采用多个分包单位进行平行工程项目时，因进度安排发生了变化，会导致协调工作更复杂。

第六章　施工导流

第一节　施工导流概述

施工导流是指在水利水电工程中为保证河床中水工建筑物干地施工而利用围堰围护基坑，并将天然河道河水导向预定的泄水道，向下游宣泄的工程措施。

一、全段围堰法导流

全段围堰法导流，就是在河床主体工程的上、下游各建一道断流围堰，使水流经河床以外的临时或永久泄水道下泄。在坡降很陡的山区河道上，若泄水建筑物出口处的水位低于基坑处河床高程时，也可不修建下游围堰。主体工程建成或接近建成时，再将临时泄水道封堵。这种导流方式又称为河床外导流或一次拦断法导流。

按照泄水建筑物的不同，全段围堰法一般又可划分为明渠导流、隧洞导流和涵管导流。

（一）明渠导流

明渠导流是在河岸或滩地上开挖渠道，在基坑上、下游修建围堰，使河水经渠道向下游宣泄。一般适用于河流流量较大、岸坡平缓或有宽阔滩地的平原河道。在规划时，应尽量利用有利条件以取得经济合理的效果。例如，利用当地老河道，或利用裁弯取直开挖明渠，或与永久建筑物相结合，埃及的阿斯旺坝就是利用了水电站的引水渠和尾水渠进行施工导流。

导流明渠的布置设计，一定要以保证水流顺畅、泄水安全、施工方便、缩短轴线及减少工程量为原则。明渠进、出口应与上下游水流平顺衔接，与河道主流的交角以 30°左右为宜；为保证水流畅通，明渠转弯半径应大于 5b（b 为渠底宽度）；明渠进出上下游围堰之间要有适当的距离，一般以 50～100m 为宜，以防明渠进出口水流冲刷围堰的迎水面。此外，为减少渠中水流向基坑内渗入，明渠水面到基坑水面之间的最短距离宜大于（2.5～3.0）H（H 为明渠水面与基坑水面的高差，以 m 计）。同时，为避免水流紊乱和影响交通运输，导流明渠一般单侧布置。

此外，对于要求施工期通航的水利工程，导流明渠还应考虑通航所需的宽度、深度和长度的要求。

（二）隧洞导流

隧洞导流是在河岸山体中开挖隧洞，在基坑的上下游修筑围堰，一次性拦断河床形成基坑，保护主体建筑物干地施工，天然河道水流全部或部分由导流隧洞下泄的导流方式。这种导流方法适用于河谷狭窄、两岸地形陡峻、山岩坚实的山区河流。

导流隧洞的布置，取决于地形、地质、枢纽布置以及水流条件等因素，具体要求与水工隧洞类似。但必须指出，为了提高隧洞单位面积的泄流能力、减小洞径，应注意改善隧洞的过流条件。隧洞进出口应与上下游水流平顺衔接，与河道主流的交角以 30°左右为宜；有条件时，隧洞最好布置成直线，若有弯道，其转弯半径以大于 5b（b 为洞宽）为宜；否则，因离心力作用会产生横波，或因流线折断而产生局部真空，影响隧洞泄流，严重时还会危及隧洞安全。隧洞进出口与上下游围堰之间要有适当距离，一般宜大于 50m，以防隧洞进出口水流冲刷围堰的迎水面。

隧洞断面形式可采用方圆形、圆形或马蹄形，以方圆形居多。一般导流临时隧洞，若地质条件良好，可不做专门衬砌。为降低糙率，应进行光面爆破，以提高泄量，降低隧洞造价。

（三）涵管导流

涵管一般为钢筋混凝土结构。河水通过埋设在坝下的涵管向下游宣泄。

涵管导流适用于导流流量较小的河流或只用来负担枯水期的导流，一般在修筑土坝、堆石坝等工程中采用。涵管通常布置在河岸滩地上，其位置常在枯水位以上，这样可在枯水期不修围堰或只修小围堰而先将涵管筑好，然后再修上、下游断流围堰，将河水经涵管下泄。

涵管外壁和坝身防渗体之间易发生接触渗流，通常在涵管外壁每隔一定距离设置截流环，以延长渗径，降低渗透坡降，减少渗流的破坏作用。此外，必须严格控制涵管外壁防渗体填料的压实质量。涵管管身的温度缝或沉陷缝中的止水也必须认真处理。

二、分段围堰法导流

分段围堰法导流，也称分期围堰导流，就是用围堰将水工建筑物分段分期围护起来进行施工的方法。分段就是将河床围成若干个干地施工基坑，分段进行施工。分期就是从时间上按导流过程划分施工阶段。段数分得越多，围堰工程量越大，施工也越复杂；同样，期数分得越多，工期有可能拖得越长。因此，在工程实践中，两段两期导流采用的最多。

三、导流方式的选择

（一）选择导流方式的一般原则

导流方式的选择，应当是工程施工组织总设计的一部分。导流方式选择是否得当，不仅对于导流费用有重大影响，而且对整个工程设计、施工总进度和总造价都有重大影响。导流方式的选择一般遵循以下原则：

①导流方式应保证整个枢纽施工进度最快、造价最低；②因地制宜，充分利用地形、地质、水文及水工布置特点选择合适的导流方式；③应使整个工程施工有足够的安全度和灵活性；④尽可能满足施工期国民经济各部门的综合利用要求，如通航、过鱼、供水等；⑤施工方便，干扰小，技术上安全可靠。

（二）影响导流方案选择的主要因素

水利水电枢纽工程施工，从开工到完工往往不是采用单一的导流方式，而是几种导流方式组合起来配合运用，以取得最佳的技术、经济效果。这种不同导流时段、不同导流方式的组合，通常称为导流方案。选择导流方案时应考虑的主要因素有以下几种：

1.水文条件

河流的水文特性在很大程度上影响着导流方式的选择。每种导流方式均有适用的流量范围。除了流量大小外，流量过程线的特征、冰情与泥沙也影响着导流方式的选择。

2.地形、地质条件

前面已叙述过每种导流方式适用于不同的地形地质条件，如宽阔的平原河道，宜用分期或导流明渠导流；河谷狭窄的山区河道，常用隧洞导流。当河床中有天然石岛或沙洲时，采用分段围堰法导流，更有利于导流围堰的布置，特别是纵向围堰的布置。在河床狭窄、岸坡陡峻、山岩坚实的地区，宜采用隧洞导流。至于平原河道、河流的两岸或一岸比较平坦，或有河湾、老河道可资利用，则宜采用明渠导流。

3.枢纽类型及布置

水工建筑物的形式和布置与导流方案的选择相互影响，因此，在决定水工建筑物型式和布置时，应该同时考虑并初步拟定导流方案，应充分考虑施工导流的要求。

分期导流方式适用于混凝土坝枢纽；而土坝枢纽因不宜分段填筑，且一般不允许溢流，故多采用全段围堰法。高水头水利枢纽的后期导流常需多种导流方式的组合，导流程序也较复杂。例如，狭窄处高水头混凝土坝前期导流可用隧洞，但后期导流则常利用布置在坝体不同高程的泄水孔过流；高水头上石坝的前后期导流，一般采用布置在两岸不同高程上的多层隧洞；如果枢纽中有永久泄水建筑物，如泄水闸、溢洪坝段、隧洞、涵管、底孔、引水渠等，应尽量加以利用。

4.河流综合利用要求

施工期间，为了满足通航、筏运、供水、灌溉、生态保护或水电站运行等的要求，导流问题的解决更加复杂。在通航河道上，大都采用分段围堰法导流，要求河流在束窄以后，河宽仍能便于船只的通行，水深要与船只吃水深度相适应，束窄断面的最大流速一般不应超过 2.0m³/s，特殊情况需与当地航运部门协商研究确定。

分期导流和明渠导流易满足通航、过木、过鱼、供水等要求。而某些峡谷地区的工程，为了满足过水要求，用明渠导流代替隧洞导流，这样又遇到了高边坡开挖和导流程序复杂化的问题，这就往往需要多方面比较各种导流方案的优缺点再选择。在施工中、后期，水库拦洪蓄水时要注意满足下游供水、灌溉用水和水电站运行的要求。而某些工程为了满足过鱼需要，还需建造专门的鱼道、鱼类增殖站或设置集鱼装置等。

5.施工进度、施工方法及施工场地布置

水利水电工程的施工进度与导流方案密切相关，通常是根据导流方案安排控制性进度计划。在水利水电枢纽施工导流过程中，对施工进度起控制作用的关键性时段主要有导流建筑物的完工工期、截断河床水流的时间、坝体拦洪的期限、封堵临时泄水建筑物的时间以及水库蓄水发电的时间等，各项工程的施工方法和施工进度之间影响到各时段中导流任务的合理性和可能性。例如，在混凝土坝枢纽中，采用分段围堰法施工时，若导流底孔没有建成，就不能截断河床水流和全面修建第二期围堰；若坝体没有达到一定高程和没有完成基础及坝身纵缝的接缝灌浆，就不能封堵底孔，水库也不能蓄水。因此，施工方法、施工进度与导流方案是密切相关的。

此外，导流方案的选择与施工场地的布置也相互影响。例如，在混凝土坝施工中，当混凝土生产系统布置在一岸时，宜采用全段围堰法导流。若采用分段围堰法导流，则应以混凝土生产系统所在的一岸作为第一期工程，因为这样两岸施工交通运输问题比较容易解决。

导流方案的选择受多种因素的影响。一个合理的导流方案，必须在周密研究各种影响因素的基础上，拟定几个可能的方案，并进行技术、经济比较，从中选择技术、经济指标优越的方案。

四、施工导流及保证措施

下面以奔牛水利枢纽为例来说明施工导流及保证施措的工序或步骤。

根据奔牛水利枢纽工程建筑物总体布置情况，船闸、节制闸、立交地涵和孟九桥等合并实施后，新孟河河口段（铁路桥以南）断航、断流，奔牛水利枢纽工程仅需设置京杭运河导流/导航河道。

（一）导流方式及布置

立交地涵位于京杭运河位置，开挖基坑较深，必须填筑围堰断流作业。由于地涵工程量大且集中，为保质按期完成施工任务，采取"一次断流、明渠导流"方式进行导流施工，即全施工期由1#、2#围堰挡水，导流河导流。根据枢纽截流围堰布置情况，为满足京杭运河导流河导航的要求，该导流导航河道布置于京杭运河南侧，河道的中心线采用3段弧线与2段直线的连接方式，可以最大限度地缩短导流导航河道的长度。按照《内河通航标准》对Ⅲ级航道标准的规定，京杭运河导流导航河道弯曲半径为480m，两个反弯段间的直线段长度分别为207m和260m。立交地涵施工期，为维持区域居民的交通，拟利用一期建成的孟九桥临时修建引道，作为区域居民交通和施工对外交通道路。施工场地内部交通，机械从京杭运河东侧围堰通行，施工人员可于西侧围堰进出施工场地。为保证安全，在围堰两侧布置防护栏杆。

奔牛水利枢纽施工期在新孟河河口设置围堰，截断了新孟河的水流，为保证新孟河水质不受影响，须利用十里横河从德胜河调水入新孟河，用于改善新孟河水质。根据奔牛水利枢纽施工计划，新孟河截流时间约9个月，平均每月更换新孟河水体1次，每次换水约200万m^3。十里横河与新孟河交汇处设有1座闸站，其中泵站设计流量4m^3/s、节制闸闸室净宽8m，距离十里横河西侧河口约3.5km处设有1座净宽8m的节制闸，计划于东侧节制闸附近架设临时活水机组，按照10天完成1次换水要求，临时活水机组设计流量不得小于3.5m^3/s。

考虑临时机组架设方便，计划采用600QZ-100/55kW潜水泵4台，单机流量为0.9m^3/s，4台×0.9=3.6 m^3/s，可满足要求。

（二）导流/航河道断面设计

根据京杭运河导航标准，导流导航河道设计底高程为-0.7m、底宽45m，在高程5.1m处设置宽度为2.5m的平台，平台以下河道边坡为1：2.5，平台以上河道边坡为1：2，按照京杭运河通航水位情况，河道边坡在高程2.0～6.5m范围内采用土工布进行临时设防。

（三）导流河施工

测量、放样：先根据导流河平面布置图进行测量放样，沿坡脚线、开挖线、河堤填筑边线定立标桩，作为导流河开挖或堤防填筑的基准。

清基：采用160推土机进行清基，将填筑边线以内的表层杂草及腐殖土清理干净，进行集中堆放，用1m³挖掘机装30t自卸汽车运至指定的弃土场集中堆放，以备以后导流河土方回填用。

土方开挖：首先进行导流河中间土体开挖和两侧渠堤填筑，进出口各预留约10m的自然土体挡水。由于导流河最大开挖深度为8.5m，开挖立面采用1m³挖掘机分三层开挖到设计深度。

开挖在整个工作面同时进行，布置22台挖掘机及相应的自卸车。采用1m³挖掘机开挖和160推土机推土相结合。挖掘机先开挖导流河右边21.8m范围土方，甩土至左侧渠堤处，由推土机直接进行左侧渠堤土方填筑。然后挖掘机再进行导流河中间及左边坡71.8m范围土方开挖，向左边甩土，由推土机配合推至左侧堆土场进行堆放或直接装车弃至弃土区。临时堆土场配160推土机进行场地平整。导流河边坡由机械初步整平，再由人工精确修整边坡，以达到设计标准，施工中避免出现超挖现象。

导流河中间土体开挖完成经验收合格后，先采用埋管法向导流河内注水，水位与运河水位持平后，再进行进出口预留土体开挖。预留段土体开挖水上部分土方直接采用挖掘机开挖，装自卸汽车运到积土区；水下部分直接采用长臂挖掘机进行开挖，装自卸汽车运到积土区。导流河口驳岸采用破碎锤拆除，挖掘机装自卸汽车运到弃土区。对于进出口部分水下方，拟采用小型抓斗式挖泥船进行水下土方开挖，100吨驳船（带自卸抓斗）运输，从导流河内临时停靠点上岸运到弃土区，保证导流河的过水断面符合设计标准。

护坡、固脚：随着导流河土方开挖的进行，安排施工人员紧跟着进行土工布上、下封口及连接处凹槽土方开挖，然后铺设土工布，土工布在凹槽处向下弯折，凹槽内土固定。土工布接缝处采用尼龙线缝合，土工布铺设时保持其自然状态，不宜张拉得过紧；袋装碎石采用人工进行，码放时要轻轻放下，不能砸土工布；人工在土工布上作业时，铺设跑道板作为行走道路，不能直接在土工布上行走，防止土工布破裂，影响其防冲刷效果。碎石包码叠注意自下而上，一层一层错缝、砌平、砌紧，防止松动，影响其防冲刷效果。

土方平衡：导流河开挖土方510385m³，堆放在业主指定的临时弃土场，堆土场配备推土机进行平整。

（四）施工导流保证措施

1.质量保证措施

①土方开挖前，应会同监理按施工图纸所示的开挖尺寸进行开挖剖面测量放样成果的检查；②开挖过程中，严格按审批的施工组织设计和规范执行，严格控制各部位其成型质量标准的高程和平面尺寸，定期测量校正开挖平面的尺寸和标高，以及按施工图纸的要求检查开挖边坡的坡度和平整度，并将测量资料提交给监理；③土方开挖时，实际施工的边坡坡度适当留有修坡余量，再用人工修整，直至满足施工图纸要求的坡度和平整度；④为防止修整后的开挖边坡遭受雨水冲刷，边坡的护面在修整后立即按施工图纸要求完成。

2.施工边坡稳定保证措施

①在开挖过程中，加强变形观测，发现变形异常时如可能出现裂缝和滑动迹象，立即暂停施工和采取减载、打桩等应急措施，并报告监理，必要时应按监理指示设置观测点，及时观测边坡变化情况，并做好记录；②备足防滑坡应急处理材料和机械设备；③加强施工排水；④控制边荷载、机械振动影响。

3.进度保证措施

①按照施工计划及时调配施工机械，加强设备维修，保证设备的完好率；②加强施工道路的维修和保证道路的标准及质量，提高机械工作效率，晴好天气做到日夜连续施工，雨天做好工作面的排水工作和覆盖保护工作，保证雨后尽早恢复施工；③抓好土方工作面的排水，这是控制进度、质量的关键点，早挖、快挖、挖深排水沟，24小时不间断排水；④加强与运管单位和地方关系的协调与处理，做到文明施工，保证连续施工。

4.安全保证措施

本工程施工安全重点抓好：陆上车辆交通安全、基坑作业安全、基坑稳定安全、施工油料防火安全、防洪安全等。

①开挖严格按照施工作业规程、方案进行，做到分层分块作业，留足基坑边坡，防止塌方埋机。开挖运输机械不得在开挖坑口长时间停留，做好开挖临时边坡的安全观察。②加强陆上交通安全管制，设立规范、明显的安全警示标志，加强机械作业人员的安全教育，遵章守纪，不开疲劳车，不开病车。③加强基坑变形观测，制定安全应急预案；做足排泥场围堰标准，加强值班，合理控制泥水高

度。④基坑口设立明显安全警示标志及安全护栏，基坑口严禁停放机械及堆土或施工材料。⑤施工用油料，做好防火及消防安全工作，专人、专地保管。

第二节　施工截流

一、截流方法

当泄水建筑物完成时，抓住有利时机，迅速实现围堰合龙，迫使水流经泄水建筑物下泄，称为截流。

截流工程是指在泄水建筑物接近完工时，即以进占方式自两岸或一岸建筑戗堤（作为围堰的一部分）形成龙口，并将龙口防护起来，待其他泄水建筑物完工以后，在有利时机，全力以最短时间将龙口堵住，截断河流。接着在围堰迎水面投抛防渗材料闭气，水即全部经泄水道下泄。在闭气同时，为使围堰能挡住当时可能出现的洪水，必须立即加高培厚围堰，使之迅速达到相应设计水位的高程以上。

截流工程是整个水利枢纽施工的关键，它的成败直接影响工程进度。如失败了，就可能使进度推迟一年。截流工程的难易程度取决于河道流量、泄水条件；龙口的落差、流速、地形地质条件；材料供应情况及施工方法、施工设备等因素。因此事先必须经过充分的分析研究，采取适当措施，才能保证截流施工中争取主动，顺利完成截流任务。

河道截流工程在我国已有千年以上的历史。在黄河防汛、海塘工程和灌溉工程上积累了丰富的经验，如利用捆厢帚、柴石枕、柴土枕、杩杈、排桩填帚截流，不但施工方便速度快，而且就地取材、因地制宜，经济适用。新中国成立后，我国水利建设发展很快，江淮平原和黄河流域的不少截流堵口、导流堰工程多是采用这些传统方法完成的。此外，还广泛采用了高度机械化投块料截流的方法。

选择截流方式应充分分析水力学参数、施工条件和难度、抛投物数量和性质，并进行技术、经济比较。截流方法包括以下几种：

（一）单戗立堵截流

简单易行，辅助设备少，较经济，适用于截流落差不超过3.5m但龙口水流能量相对较大、流速较高的河流，需制备较多的重大抛投物料。

（二）双戗和多戗立堵截流

可分担总落差，改善截流难度，适用于截流落差大于3.5m。

（三）建造浮桥或栈桥平堵截流

水力学条件相对较好，但造价高、技术复杂，一般不常选用。

（四）定向爆破截流、建闸截流等

只有在条件特殊、充分论证后方宜选用。

二、投抛块料截流

投抛块料截流是目前国内外最常用的截流方法，适用于各种情况，特别适用于大流量、大落差的河道上的截流。该法是在龙口投抛石块或人工块体（混凝土方块、混凝土四面体、铅丝笼、柳石枕、串石等）堵截水流，迫使河水经导流建筑物下泄。采用投抛块料截流，按不同的投抛合龙方法，截流可分为立堵、平堵、混合堵三种方法。

（一）立堵法

先在河床的一侧或两侧向河床中填筑截流戗堤，逐步缩窄河床，即进占；当河床束窄到一定的过水断面时即行停止（这个断面称为龙口），对河床及龙口戗堤端部进行防冲加固（护底及裹头）；然后掌握时机封堵龙口，使戗堤合龙；最后为了解决戗堤的漏水，必须即时在戗堤迎水面设置防渗设施（闭气）。

（二）平堵法

平堵法截流是沿整个龙口宽度全线抛投，抛投料堆筑体全面上升，直至露出水面。为此，合龙前必须在龙口架设浮桥。由于它是沿龙口全宽均匀平层抛投，所以其单宽流量较小，出现的流速也较小，需要的单个抛投材料重量也较轻，抛投强度较大，施工速度较快，但有碍通航。

（三）混合堵法

混合堵是指立堵结合平堵的方法。在截流设计时，可根据具体情况采用立堵与平堵相结合的截流方法，如先用立堵法进占，然后在龙口小范围内用平堵法截流；或先用船抛土石材料平堵法进占，然后再用立堵法截流。用得比较多的是首先从龙口两端下料保护戗堤头部，同时进行护底工程并抬高龙口底槛高程到一定高度，最后用立堵截断河流。平堵可以采用船抛，然后用汽车立堵截流。

三、爆破截流

（一）定向爆破截流

如果坝址处于峡谷地区，而且岩石坚硬、交通不便、岸坡陡峻、缺乏运输设备时，可利用定向爆破截流。我国某个水电站的截流就利用左岸陡峻岸坡设计设置了三个药包，一次定向爆破成功，堆筑方量 6800m³，堆积高度平均 10m，封堵了预留的 20m 宽龙口，有效抛掷率为 68%。

（二）预制混凝土爆破体截流

为了在合龙关键时刻瞬间抛入龙口大量材料封闭龙口，除了用定向爆破岩石外，还可在河床上预先浇筑巨大的混凝土块体，合龙时将其支撑体用爆破法炸断，使块体落入水中，将龙口封闭。

采用爆破截流，虽然可以利用瞬时的巨大抛投强度截断水流，但因瞬间抛投强度很大，材料入水时会产生很大的挤压波，巨大的波浪可能使已修好的戗堤遭到破坏，并会造成下游河道瞬间断流。此外，定向爆破岩石时，还需校核个别飞石距离、空气冲击波和地震的安全影响距离。

四、下闸截流

人工泄水道的截流，常在泄水道中预先修建闸墩，最后采用下闸截流。天然河道中，有条件时也可设截流闸，最后下闸截流，三门峡鬼门河泄流道就曾采用这种方式，下闸时最大落差达 7.08m，历时 30 余小时；神门岛泄水道也曾考虑下闸截流，但闸墩在汛期被冲倒，后来改为管柱拦石栅截流。

除以上方法外，还有一些特殊的截流合龙方法，如木笼、钢板桩、草土、水力冲填法截流等。

综上所述，截流方式虽多，但通常多采用立堵、平堵或混合堵截流方式。截流设计中，应充分考虑影响截流方式选择的条件，拟定几种可行的截流方式，通过对水文气象条件、地形地质条件、综合利用条件、设备供应条件、经济指标等进行全面分析，经技术比较选定最优方案。

五、截流时间和设计流量的确定

（一）截流时间的选择

截流时间应根据枢纽工程施工控制性进度计划或总进度计划决定，至于时段选择，一般应考虑以下原则，经过全面分析比较而定。

①尽可能在较小流量时截流，但必须全面考虑河道水文特性和截流应完成的各项控制工程量，合理使用枯水期。②对于具有通航、灌溉、供水、过木等特殊要求的河道，应全面兼顾这些要求，尽量使截流对河道的综合利用的影响最小。③有冰冻河流，一般不在流冰期截流，避免截流和闭气工作复杂化，如特殊情况必须在流冰期截流时应有充分论证，并有周密的安全措施。

（二）截流设计流量的确定

一般设计流量按频率法确定，根据已选定截流时段，采用该时段内一定频率的流量作为设计流量。当水文资料系列较长、河道水文特性稳定时，可应用这种方法。至于预报法，因当前的可靠预报期较短，一般不能在初步设计中应用，但在截流前夕有可能根据预报流量适当修改设计。在大型工程截流设计中，通常多以选取一个流量为主，再考虑较大、较小流量出现的可能性，用几个流量进行截流计算和模型试验研究。对于有深槽和浅滩的河道，如分流建筑物布置在浅滩上，对截流的不利条件要特别进行研究。

六、截流戗堤轴线和龙口位置的选择方法

（一）戗堤轴线位置选择

通常截流戗堤是土石横向围堰的一部分，应结合围堰结构和围堰布置统一考虑。单戗截流的戗堤可布置在上游围堰或下游围堰中非防渗体的位置。如果戗堤靠近防渗体，在二者之间应留足闭气料或过渡带的厚度，同时，应防止合龙时的流失料进入防渗体部位，以免在防渗体底部形成集中漏水通道。为了在合龙后能迅速闭气并进行基坑抽水，一般情况下将单戗堤布置在上游围堰内。

当采用双戗多戗截流时，戗堤间距满足一定要求，才能发挥每条戗堤分担落差的作用。如果围堰底宽不太大，上、下游围堰间距也不太大时，可将两条戗堤分别布置在上、下游围堰内，大多数双戗截流工程是这样做的。如果围堰底宽很大，上、下游间距也很大，可考虑将双戗布置在一个围堰内。当采用多戗截流时，一个围堰内通常也需布置两条戗堤，此时，两戗堤间均应有适当间距。

在采用土石围堰的一般情况下，均将截戗堤布置在围堰范围内。但是也有戗堤不与围堰相结合的，戗堤轴线位置选择应与龙口位置相一致。如果围堰所在处的地质、地形条件不利于布置戗堤和龙口，而戗堤工程量又很小，则可能将截流戗堤布置在围堰以外。龚嘴工程的截流戗堤就布置在上、下游围堰之间，而不与围堰相结合。由于这种戗堤多数均需拆除，因此，采用这种布置时应有专门论证。选择平堵截流戗堤轴线的位置时，应考虑便于抛石桥的架设。

（二）龙口位置选择

选择龙口位置时，应着重考虑地质、地形条件及水力条件。从地质条件来看，龙口应尽量选在河床抗冲刷能力强的地方，如岩基裸露或覆盖层较薄处，这样可避免合龙过程中的过大冲刷，防止戗堤突然塌方失事。从地形条件来看，龙口河底不宜有顺流流向陡坡和深坑。如果龙口能选在底部基岩面粗糙、参差不齐的地方，则有利于抛投料的稳定。另外，龙口周围应有比较宽阔的场地，离料场和特

殊截流材料堆场的距离近，便于布置交通道路和组织高强度施工，这一点也是十分重要的。从水力条件来看，对于有通航要求的河流，预留龙口一般均布置在深槽主航道处，有利于合龙前的通航，至于对龙口的上、下源水流条件的要求，以往的工程设计中有两种不同的见解：一种认为龙口应布置在浅滩，并尽量造成水流进出龙口折冲和碰撞，以增大附加壅水作用；另一种认为进出龙口的水流应平直顺畅，因此可将龙口设在深槽中。实际上，这两种布置各有利弊，前者进口处的强烈侧向水流对戗堤端部抛投料的稳定不利，由龙口下泄的折冲水流易对下游河床和河岸造成冲刷；后者的主要问题是合龙段戗堤高度大，进占速度慢，而且深槽中水流集中，不易创造较好的分流条件。

（三）龙口宽度

龙口宽度主要根据水力计算而定，对于通航河流，决定龙口宽度时应着重考虑通航要求，对于无通航要求的河流，主要考虑戗堤预进占所使用的材料及合龙工程量的大小。形成预留龙口前，通常均使用一般石渣进占，根据其抗冲流速可计算出相应的龙口宽度。另一方面，合龙是高强度施工，一般合龙时间不宜过长，工程量不宜过大。当此要求与预进占材料允许的束窄度有矛盾时，也可考虑提前使用部分大石块或者尽量提前分流。

（四）龙口护底

对于非岩基河床，当覆盖层较深、抗冲能力小时，截流过程中为防止覆盖层被冲刷，一般在整个龙口部位或困难区段进行平抛护底，防止截流料物流失量过大。对于岩基河床，有时为了降低截流难度，增大河床糙率，也抛投一些料物护底并形成拦石坎。计算最大块体时应按护底条件选择稳定系数。

以葛洲坝工程为例，预先对龙口进行护底，保护河床覆盖层免受冲刷，减少合龙工程量。护底的作用还可增大糙率，改善抛投的稳定条件，减少龙口水深。根据水工模型试验，经护底后，25t混凝土四面体有97%稳定在戗堤轴线上游，如不护底，则仅有62%稳定。此外，通过护底，还可以增加戗堤端部下游坡脚的稳定，防止塌坡等事故的发生。对护底的结构型式，曾比较了块石护底、块石与混凝土块组合护底及混凝土块拦石坎护底三个方案。块石护底主要用粒径0.4~1.0m的块石，模型试验表明，此方案护底下面的覆盖层有掏刷，护底结构本身也不稳定；块石与混凝土块组合护底是由0.4~0.7m的块石和15t混凝土四面体组成，这种组合结构是稳定的，但水下抛投工程量大；混凝土块拦石坎护底是在龙口困难区段一定范围内预抛大型块体形成潜坝，从而起到拦阻截流抛投料物流失的作用。混凝土块拦石坎护底，工程量较小而效果显著，影响航运较少且施工简单，经比较选用钢架石笼与混凝土预制块石的拦石坎护底。在龙口120m困难段范围内，以

17t混凝土五面体在龙口上侧形成拦石坎，然后用石笼抛投下游侧形成压脚坎，用以保护拦石坎。龙口护底长度视截流方式而定，对平堵截流，一般经验认为紊流段均需防护，护底长度可取相应于最大流速时最大水深的3倍。

对于立堵截流护底长度主要视水跃特性而定。根据苏联经验，在水深20m以内戗堤线以下护底长度一般可取最大水深的3~4倍，轴线以上可取2倍，即总护底长度可取最大水深的5~6倍。葛洲坝工程上、下游护底长度各为25m，约相当于2.5倍的最大水深，即总长度约相当于5倍最大水深。

龙口护底是一种保护覆盖层免受冲刷，降低截流难度，提高抛投料稳定性及防止戗堤头部坍塌的行之有效的措施。

第七章　水利工程地基施工

第一节　基岩处理方法

一、基岩灌浆的分类

水工建筑物的基岩灌浆按其作用，可分为帷幕灌浆、固结灌浆和接触灌浆。灌浆技术不仅大量运用于建筑物的基岩处理，也是进行水工隧洞围岩固结、衬砌回填、超前支护、混凝土坝体接缝以及建（构）筑物补强、堵漏等方面的主要措施。

（一）帷幕灌浆

布置在靠近建筑物上游迎水面的基岩内，形成一道连续的平行建筑物轴线的防渗幕墙。其目的是减少基岩的渗流量，降低基岩的渗透压力，保证基础的渗透稳定。帷幕灌浆的深度主要由作用水头及地质条件等确定，较之固结灌浆要深得多，有些工程的帷幕深度超过百米。在施工中，通常采用单孔灌浆，所使用的灌浆压力比较大。

帷幕灌浆一般安排在水库蓄水前完成，这样有利于保证灌浆的质量。由于帷幕灌浆的工程量较大，与坝体施工在时间安排上有矛盾，所以通常安排在坝体基础灌浆廊道内进行。这样既可实现坝体上升与基岩灌浆同步进行，也为灌浆施工提供了条件，使其具备了一定厚度的混凝土压重，有利于提高灌浆压力、保证灌浆质量。

（二）固结灌浆

固结灌浆的目的是提高基岩的整体性与强度，并降低基础的透水性。当基岩地质条件较好时，一般可在坝基上、下游应力较大的部位布置固结灌浆孔；在地质条件较差而坝体较高的情况下，则需要对坝基进行全面的固结灌浆，甚至在坝基以外上、下游一定范围内也要进行固结灌浆。灌浆孔的深度一般为5~8m，也有深达15~40m的，各孔在平面上呈网格交错布置。通常采用群孔冲洗和群孔灌浆。

固结灌浆宜在一定厚度的坝体基层混凝土上进行，这样可以防止基岩表面冒浆，并采用较大的灌浆压力，提高灌浆效果，同时也兼顾坝体与基岩的接触灌浆。如果基岩比较坚硬、完整，为了加快施工速度，也可直接在基岩表面进行无混凝土压重的固结灌浆。在基层混凝土上进行钻孔灌浆，必须在相应部位混凝土的强度达到50%设计强度后方可开始；或者先在岩基上钻孔，预埋灌浆管，待混凝土浇筑到一定厚度后再灌浆。同一地段的基岩灌浆必须按先固结灌浆后帷幕灌浆的顺序进行。

（三）接触灌浆

接触灌浆的目的是加强坝体混凝土与坝基或岸肩之间的结合能力，提高坝体的抗滑稳定性。一般是通过混凝土钻孔压浆或预先在接触面上埋设灌浆盒及相应的管道系统；也可结合固结灌浆进行。

接触灌浆应安排在坝体混凝土达到稳定温度以后进行，以防止混凝土收缩产生拉裂。

二、灌浆的材料

基岩灌浆的浆液，一般应该满足如下要求：

①浆液在受灌的岩层中应具有良好的可灌性，即在一定的压力下，能灌入到裂隙、空隙或孔洞中，充填密实；②浆液硬化成结石后，应具有良好的防渗性能、必要的强度和粘结力；③为便于施工和增大浆液的扩散范围，浆液应具有良好的流动性；④浆液应具有较好的稳定性，吸水率低。

基岩灌浆以水泥灌浆最普遍。灌入基岩的水泥浆液，由水泥与水按一定配比制成，水泥浆液呈悬浮状态。水泥灌浆具有灌浆效果可靠、灌浆设备与工艺比较简单、材料成本低廉等优点。

水泥浆液所采用的水泥品种，应根据灌浆目的和环境水的侵蚀作用等因素确定。一般情况下，可采用标号不低于C45的普通硅酸盐水泥或硅酸盐大坝水泥；如有耐酸等要求时，选用抗硫酸盐水泥。矿渣水泥与火山灰质硅酸盐水泥由于其吸水快、稳定性差、早期强度低等缺点，一般不宜使用。

水泥颗粒的细度对于灌浆的效果有较大影响。水泥颗粒越细，越能够灌入细微的裂隙中，水泥的水化作用也越完全。帷幕灌浆对水泥细度的要求为通过80μm方孔筛的筛余量不大于5%。灌浆用的水泥要符合质量标准，不得使用过期、结块或细度不合要求的水泥。

对于岩体裂隙宽度小于200μm的地层，普通水泥制成的浆液一般难以灌入。为了提高水泥浆液的可灌性，自20世纪80年代以来，许多国家陆续研制出各类超细水泥，并在工程中得到广泛采用。

在水泥浆液中掺入一些外加剂（如速凝剂、减水剂、早强剂及稳定剂等），可以调节或改善水泥浆液的一些性能，满足工程对浆液的特定要求，提高灌浆效果。外加剂的种类及掺入量应通过试验确定。

在水泥浆液里掺入黏土、砂、粉煤灰，制成水泥黏土浆、水泥砂浆、水泥粉煤灰浆等，可用于注入量大、对结石强度要求不高的基岩灌浆。这主要是为了节省水泥、降低材料成本。沙砾石地基的灌浆主要是采用此类浆液。

当遇到一些特殊的地质条件如断层、破碎带、细微裂隙等，采用普通水泥浆液难以达到工程要求时，也可采用化学灌浆，即灌注以环氧树脂、聚氨酯、甲凝等高分子材料为基材制成的浆液。其材料成本比较高，灌浆工艺比较复杂。在基岩处理中，化学灌浆仅起辅助作用，一般是先进行水泥灌浆，再在其基础上进行化学灌浆，这样既可提高灌浆质量，也比较经济。

三、水泥灌浆的施工

在基岩处理施工前一般需进行现场灌浆试验。通过试验，可以了解基岩的可灌性、确定合理的施工程序与工艺、提供科学的灌浆参数等，为进行灌浆设计与施工准备提供主要依据。

基岩灌浆施工中的主要工序包括钻孔、钻孔（裂隙）冲洗、压水试验、灌浆等工作。

（一）钻孔

钻孔质量要求：

①确保孔位、孔深、孔向符合设计要求。钻孔的方向与深度是保证帷幕灌浆质量的关键。如果钻孔方向有偏斜，钻孔深度达不到要求，则通过各钻孔所灌注的浆液不能连成一体，将形成漏水通路。②力求孔径上下均一、孔壁平顺。孔径均一、孔壁平顺，则灌浆栓塞能够卡紧、卡牢，灌浆时不至于产生绕塞返浆。③钻进过程中产生的岩粉细屑较少。钻进过程中如果产生过多的岩粉细屑，容易堵塞孔壁的缝隙，影响灌浆质量，同时也影响工人的作业环境。

根据岩石的硬度完整性和可钻性的不同，分别采用硬质合金钻头、钻粒钻头和金刚钻头。6~7级以下的岩石多用硬质合金钻头，7级以上用钻粒钻头，石质坚硬且较完整的用金刚石钻头。

帷幕灌浆的钻孔宜采用回转式钻机和金刚石钻头或硬质合金钻头，其钻进效率较高，不受孔深、孔向、孔径和岩石硬度的限制，还可钻取岩芯。钻孔的孔径一般在75~91mm。固结灌浆则可采用各式合适的钻机与钻头。

孔向的控制相对较困难，特别是钻设斜孔，掌握钻孔方向更加困难。在工程实践中，按钻孔深度不同规定了钻孔偏斜的允许值。当深度大于60m时，则允许的偏差不应超过钻孔的间距。钻孔结束后，应对孔深、孔斜和孔底残留物等进行检查，不符合要求的应采取补救处理措施。

钻孔顺序口为了有利于浆液的扩散和提高浆液结合的密实性，在确定钻孔顺序时应和灌浆次序密切配合。一般是当一批钻孔钻进完毕后，随即进行灌浆。钻孔次序则以逐渐加密钻孔数和缩小孔距为原则。对排孔的钻孔顺序，先下游排孔，后上游排孔，最后中间排孔。对统一排孔而言，一般2~4次序孔施工，逐渐加密。

（二）钻孔冲洗

钻孔后，要进行钻孔及岩石裂隙的冲洗。冲洗工作通常分为：①钻孔冲洗，将残存在钻孔底和黏滞在孔壁的岩粉、铁屑等冲洗出来；②岩层裂隙冲洗，将岩层裂隙中的充填物冲洗出孔外，以便浆液进入腾出的空间，使浆液结石与基岩胶结成整体。在断层、破碎带和细微裂隙等复杂地层中灌浆—冲洗的质量对灌浆效果影响极大，一般采用灌浆泵将水压入孔内循环管路进行冲洗。将冲洗管插入孔内，用阻塞器将孔口堵紧，用压力水冲洗。也可采用压力水和压缩空气轮换冲洗或压力水和压缩空气混合冲洗的方法。

岩层裂隙冲洗方法分为单孔冲洗和群孔冲洗两种。在岩层比较完整，裂隙比较少的地方，可采用单孔冲洗。冲洗方法有高压压水冲洗、高压脉动冲洗和扬水冲洗等。

当节理裂隙比较发育且在钻孔之间互相串通的地层中，可采用群孔冲洗。将两个或两个以上的钻孔组成一个孔组，轮换地向一个孔或几个孔压进压力水或压力水混合压缩空气，从另外的孔排出污水，这样反复交替冲洗，直到各个孔出水洁净为止。

群孔冲洗时，沿孔深方向冲洗段的划分不宜过长，否则冲洗段内钻孔通过的裂隙条数增多，这样不仅分散冲洗压力和冲洗水量，并且一旦有部分裂隙冲通以后，水量将相对集中在这几条裂隙中流动，使其他裂隙得不到有效的冲洗。

为了提高冲洗效果，有时可在冲洗液中加入适量的化学剂，如碳酸钠、氢氧化钠或碳酸氢钠等，以利于促进泥质充填物的溶解。加入化学剂的品种和掺量，宜通过试验确定。

采用高压水或高压水气冲洗时，要注意观测，防止冲洗范围内岩层的抬动和变形。

（三）压水试验

在冲洗完成并开始灌浆施工前，一般要对灌浆地层进行压水试验。压水试验的主要目的是：测定地层的渗透特性，为基岩的灌浆施工提供基本技术资料。压水试验也是检查地层灌浆实际效果的主要方法。

压水试验的原理：在一定的水头压力下，通过钻孔将水压入孔壁四周的缝隙中，根据压入的水量和压水的时间，计算出代表岩层渗透特性的技术参数。一般可采用透水率q来表示岩层的渗透特性。所谓透水率，是指在单位时间内，通过单位长度试验孔段，在单位压力作用下所压入的水量。试验成果可用下式计算：

$$q = \frac{Q}{PL} \tag{式7.1}$$

式中，q——地层的透水率，Lu（吕容）；

Q——单位时间内试验段的注水总量，L/min；

P——作用于试验段内的全压力，MPa；

L——压水试验段的长度，m。

灌浆施工时的压水试验，使用的压力通常为同段灌浆压力的80%，但一般不大于1MPa。

（四）灌浆的方法与工艺

为了确保基岩灌浆的质量，必须注意以下问题：

1.钻孔灌浆的次序

基岩的钻孔与灌浆应遵循分序加密的原则进行。这样，一方面，可以提高浆液结石的密实性；另一方面，通过后灌序孔透水率和单位吸浆量的分析，可推断先灌序孔的灌浆效果，同时有利于减少相邻孔串浆现象。

2.注浆方式

按照灌浆时浆液灌注和流动的特点，灌浆方式有纯压式和循环式两种。对于帷幕灌浆，应优先采用循环式。

纯压式灌浆，就是一次将浆液压入钻孔，并扩散到岩层裂隙中。在灌注过程中，浆液从灌浆机向钻孔流动，不再返回；这种灌注方式设备简单、操作方便，但浆液流动速度较慢，容易沉淀，造成管路与岩层缝隙的堵塞，影响浆液扩散。纯压式灌浆多用于吸浆量大，有大裂隙存在，孔深不超过12~15m的情况。

循环式灌浆，灌浆机把浆液压入钻孔后，浆液一部分被压入岩层缝隙中，另一部分由回浆管返回拌浆筒中。这种方法一方面可使浆液保持流动状态，减少浆液沉淀；另一方面可根据进浆和回浆浆液比重的差别，来了解岩层吸收情况，并作为判定灌浆结束的一个条件。

3.钻灌方法

按照同一钻孔内的钻灌顺序，有全孔一次钻灌和全孔分段钻灌两种方法。全孔一次钻灌系将灌浆孔一次钻到全深，并沿全孔进行灌浆。这种方法施工简便，多用于孔深不超过6m、地质条件良好、基岩比较完整的情况。

全孔分段钻灌又分为自上而下分段钻灌法、自下而上分段钻灌法、综合钻灌法及孔口封闭灌浆法等。

（1）自上而下分段钻灌法

其施工顺序是：钻一段，灌一段，待凝一定时间以后，再钻灌下一段，钻孔和灌浆交替进行，直到设计深度。其优点是：随着段深的增加，可以逐段增加灌浆压力，借以提高灌浆质量；由于上部岩层经过灌浆，形成结石，下部岩层灌浆时，不易产生岩层抬动和地面冒浆等现象；分段钻灌，分段进行压水试验，压水试验的成果比较准确，有利于分析灌浆效果，估算灌浆材料的需用量。但缺点是钻灌一段以后，要待凝一定时间，才能钻灌下一段，钻孔与灌浆须交替进行，设备搬移频繁，影响施工进度。

（2）自下而上分段钻灌法

一次将孔钻到全深，然后自下而上逐段灌浆，这种方法的优缺点与自上而下分段灌浆刚好相反。一般多用在岩层比较完整或基岩上部已有足够压重不致引起地面抬动的情况。

（3）综合钻灌法

在实际工程中，通常是接近地表的岩层比较破碎，愈往下岩层愈完整。因此，在进行深孔灌浆时，可以兼取以上两种方法的优点，上部孔段采用自上而下分段钻灌法钻灌，下部孔段则采用自下而上分段钻灌法钻灌。

（4）孔口封闭灌浆法

这种方法的要点是：先在孔口镶铸不小于2m的孔口管，以便安设孔口封闭器；采用小孔径的钻孔，自上而下逐段钻孔与灌浆；上段灌后不必待凝就进行下段的钻灌，如此循环，直至终孔；可以多次重复灌浆，可以使用较高的灌浆压力。其优点是：工艺简便、成本低、效率高，灌浆效果好。其缺点是：当灌注时间较长时，容易造成灌浆管被水泥浆凝住的现象。

一般情况下，灌浆孔段的长度多控制在5~6m。如果地质条件好，岩层比较完整，段长可适当放长，但也不宜超过10m；在岩层破碎、裂隙发育的部位，段长应适当缩短，可取 3～4m；而在破碎带、大裂隙等漏水严重的地段以及坝体与基岩的接触面，应单独分段进行处理。

4.灌浆压力

灌浆压力是控制灌浆质量、提高灌浆经济效益的重要因素。确定灌浆压力的原则是：在不至于破坏基础和建筑物的前提下，尽可能采用比较高的压力。高压灌浆可以使浆液更好地压入细小缝隙内，增大浆液扩散半径，析出多余的水分，提高灌注材料的密实度。灌浆压力的大小，与孔深、岩层性质、有无压重以及灌浆质量要求等有关，可参考类似工程的灌浆资料，特别是现场灌浆试验成果确定，并且在具体的灌浆施工中结合现场条件进行调整。

5.灌浆压力的控制

在灌浆过程中，合理地控制灌浆压力和浆液稠度，是提高灌浆质量的重要保证。灌浆过程中灌浆压力的控制基本上有两种类型，即一次升压法和分级升压法。

（1）一次升压法

灌浆开始后，一次将压力升高到预定的压力，并在这个压力作用下，灌注由稀到浓的浆液。当每一级浓度的浆液注入量和灌注时间达到一定限度以后，就变换浆液配比，逐级加浓。随着浆液浓度的增加，裂隙将被逐渐充填，浆液注入率将逐渐减少，当达到结束标准时，就结束灌浆。这种方法适用于透水性不大、裂隙不甚发育、岩层比较坚硬完整的地方。

（2）分级升压法

这种方法是将整个灌浆压力分为几个阶段，逐级升压直到预定的压力。开始时，从最低一级压力起灌，当浆液注入率减少到规定的下限时，将压力升高一级，如此逐级升压，直到升到预定的灌浆压力。

6.浆液稠度的控制

灌浆过程中，必须根据灌浆压力或吸浆率的变化情况，适时调整浆液的稠度，使岩层的大小缝隙既能灌饱又不浪费。浆液稠度的变换按先稀后浓的原则控制，这是由于稀浆的流动性较好，宽细裂隙都能进浆，使细小裂隙先灌饱，而后随着浆液稠度逐渐变浓，其他较宽的裂隙也能逐步得到良好的充填。

7.灌浆的结束条件与封孔

灌浆的结束条件，一般用两个指标来控制，一个是残余吸浆量，又称最终吸浆量，即灌到最后的限定吸浆量；另一个是闭浆时间，即在残余吸浆量不变的情况下保持设计规定压力的延续时间。

帷幕灌浆时，在设计规定的压力之下，灌浆孔段的浆液注入率小于0.4L/min时，再延续灌注60min（自上而下分段钻灌法）或30min（自下而上分段钻灌法）；或浆液注入率不大于1.0L/min时，继续灌注90min或60min，就可结束灌浆。

对于固结灌浆，其结束标准是浆液注入率不大于 0.4L/min，延续时间 30min，灌浆可以结束。

灌浆结束以后，应随即将灌浆孔清理干净。对于帷幕灌浆孔，宜采用浓浆灌浆法填实，再用水泥砂浆封孔；对于固结灌浆，孔深小于 10m 时，可采用机械压浆法进行回填封孔，即通过深入孔底的灌浆管压入浓水泥浆或砂浆，顶出孔内积水，随浆面的上升，缓慢提升灌浆管。当孔深大于 10m 时，其封孔与帷幕孔相同。

（五）灌浆的质量检查

基岩灌浆属于隐蔽性工程，必须加强灌浆质量的控制与检查。为此，一方面，要认真做好灌浆施工的原始记录，严格灌浆施工的工艺控制，防止违规操作；另一方面，要在一个灌浆区灌浆结束以后，进行专门性的质量检查，做出科学的灌浆质量评定。基岩灌浆的质量检查结果是整个工程验收的重要依据。

灌浆质量检查的方法很多，常用的有：在已灌地区钻设检查孔，通过压水试验和浆液注入率试验进行检查；通过检查孔，钻取岩芯进行检查，或进行钻孔照相和孔内电视，观察孔壁的灌浆质量；开挖平洞、竖井或钻设大口径钻孔，检查人员直接进去观察检查，并在其中进行抗剪强度、弹性模量等方面的试验；利用地球物理勘探技术，测定基岩的弹性模量、弹性波速等，对比这些参数在灌浆前后的变化，借以判断灌浆的质量和效果。

四、化学灌浆

化学灌浆是在水泥灌浆基础上发展起来的新型灌浆方法。它是将有机高分子材料配制成的浆液灌入地基或建筑物的裂缝中经胶凝固化后，达到防渗、堵漏、补强、加固的目的。

它主要用于裂隙与空隙细小（0.1mm 以下）、颗粒材料不能灌入，对基础的防渗或强度有较高要求，渗透水流的速度较大、其他灌浆材料不能封堵等情况。

（一）化学灌浆的特性

化学灌浆材料有很多品种，每种材料都有其特殊的性能，按灌浆的目的可分为防渗堵漏和补强加固两大类。属于防渗堵漏的有水玻璃、丙凝类、聚氨酯类等，属于补强加固的有环氧树脂类、甲凝类等。化学浆液有以下特性：

①化学浆液的黏度低，有的接近于水，有的比水还小。其流动性好，可灌性高，可以灌入水泥浆液灌不进去的细微裂隙中。②化学浆液的聚合时间可以比较准确地控制，从几秒到几十分钟，有利于机动灵活地进行施工控制。③化学浆液聚合后的聚合体渗透系数很小，一般为 $10^{-6} \sim 10^{-5}$cm/s，防渗效果好。④有些化学浆液聚合体本身的强度及粘结强度比较高，可承受高水头。⑤化学灌浆材料聚合

体的稳定性和耐久性均较好，能抗酸、碱及微生物的侵蚀。⑥化学灌浆材料都有一定毒性，在配制、施工过程中要十分注意防护，并切实防止对环境的污染。

（二）化学灌浆的施工

由于化学材料配制的浆液为真溶液，不存在粒状灌浆材料所存在的沉淀问题，故化学灌浆都采用纯压式灌浆。

化学灌浆的钻孔和清洗工艺及技术要求与水泥灌浆基本相同，也遵循分序加密的原则进行钻孔灌浆。

化学灌浆的方法，按浆液的混合方式区分，有单液法灌浆和双液法灌浆。一次配制成的浆液或两种浆液组分在泵送灌注前先行混合的灌浆方法称为单液法。两种浆液组分在泵送后才混合的灌浆方法称为双液法。前者施工相对简单，在工程中使用较多。为了保持连续供浆，现在多采用电动式比例泵提供压送浆液的动力。比例泵是专用的化学灌浆设备，由两个出浆量能够任意调整、可实现按设计比例压浆的活塞泵所构成。对于小型工程和个别补强加固的部位，也可采用手压泵。

第二节　防渗墙

防渗墙是一种修建在松散透水底层或土石坝中起防渗作用的地下连续墙。防渗墙技术在20世纪50年代起源于欧洲，因其结构可靠、施工简单、适应各类地层条件、防渗效果好以及造价低等优点，现在国内外得到了广泛应用。

一、防渗墙的特点

（一）适用范围较广

适用于多种地质条件，如沙土、沙壤土、粉土以及直径小于10mm的卵砾石土层，都可以做连续墙，对于岩石地层可以使用冲击钻成槽。

（二）实用性较强

广泛应用于水利水电、工业民用建筑、市政建设等各个领域。塑性混凝土防渗墙可以在江河、湖泊、水库堤坝中起到防渗加固作用；刚性混凝土连续墙可以在工业民用建筑、市政建设中起到挡土、承重作用。混凝土连续墙深度可达100多米。三峡二期围堰轴线全长1439.6m，最大高度82.5m，最大填筑水深达60m，最大挡水水头达85m，防渗墙最大高度74m。

（三）施工条件要求较宽

地下连续墙施工时噪声低、振动小，可在较复杂条件下施工，可昼夜施工，加快施工速度。

（四）安全、可靠

地下连续墙技术自诞生以来有了较大发展，在接头的连接技术上也有了很大进步，较好地完成了段与段之间的连接，其渗透系数可达到 10^{-7}cm/s 以下。作为承重和挡土墙，可以做成刚度较大的钢筋混凝土连续墙。

（五）工程造价较低

10cm 厚的混凝土防渗墙造价约为 240 元/m²，40cm 厚的防渗墙造价约为 430 元/m²。

二、防渗墙的作用与结构特点

（一）防渗墙的作用

防渗墙是一种防渗结构，但其实际的应用已远远超出了防渗的范围，可用来解决防渗、防冲、加固、承重及地下截流等工程问题。具体的运用主要有如下几个方面：

①控制闸、坝基础的渗流；②控制土石围堰及其基础的渗流；③防止泄水建筑物下游基础的冲刷；④加固一些有病害的土石坝及堤防工程；⑤作为一般水工建筑物基础的承重结构；⑥拦截地下潜流，抬高地下水位，形成地下水库。

（二）防渗墙的构造特点

防渗墙的类型较多，但从其构造特点来说主要有两类：槽孔（板）型防渗墙和桩柱型防渗墙。前者是我国水利水电工程中混凝土防渗墙的主要形式。防渗墙系垂直防渗措施，其立面布置有两种形式：封闭式与悬挂式。封闭式防渗墙是指墙体插入基岩或相对不透水层一定深度，以实现全面截断渗流的目的。而悬挂式防渗墙，墙体只深入地层一定深度，仅能加长渗径，无法完全封闭渗流。对于高水头的坝体或重要的围堰，有时设置两道防渗墙，共同作用，按一定比例分担水头。这时应注意水头的合理分配，避免造成单道墙承受水头过大而被破坏，这对另一道墙也是很危险的。

防渗墙的厚度主要由防渗要求、抗渗耐久性、墙体的应力与强度及施工设备等因素确定。其中，防渗墙的耐久性是指抵抗渗流侵蚀和化学溶蚀的性能，这两种破坏作用均与水力梯度有关。

不同的墙体材料具有不同的抗渗耐久性，其允许水力梯度值也就不同。如普通混凝土防渗墙的允许水力梯度值一般在 80~100，而塑性混凝土因其抗化学溶蚀性能较好，可达 300，水力梯度值一般在 50~60。

（三）防渗性能

根据混凝土防渗墙深度、水头压力及地质条件的不同，混凝土防渗墙可以采用不同的厚度，从 1.5～0.2m 不等。在长江监利县南河口大堤用过的混凝土防渗墙深度为 15～20m，墙体厚度为 7.5cm。渗透系数 $K < 10^{-7}$cm/s，抗压强度大于 1.0MPa。目前，塑性混凝土防渗墙越来越受到重视，它是在普通混凝土中加入黏土、膨润土等掺和材料，大幅度降低水泥掺量而形成的一种新型塑性防渗墙体材料。塑性混凝土防渗墙因其弹性模量低、极限应变大，使得塑性混凝土防渗墙在荷载作用下，墙内应力和应变都很低，可提高墙体的安全性和耐久性，而且施工方便，节约水泥，降低工程成本，具有良好的变形和防渗性能。

有的工程对防渗墙的耐久性进行了研究，粗略地计算防渗墙抗溶蚀的安全年限。根据已经建成的一些防渗墙统计，混凝土防渗墙实际承受的水力坡降可达 1000，如南谷洞土坝防渗墙水力坡降为 91，毛家村土坝防渗墙为 80～85，密云土坝防渗墙为 80。对于较浅的混凝土防渗墙在承受低水头的情况下，可以使用薄墙，厚度为 0.22～0.35m。

三、防渗墙的墙体材料

防渗墙的墙体材料，按其抗压强度和弹性模量，一般分为刚性材料和柔性材料。可在工程性质与技术、经济比较后，选择合适的墙体材料。

刚性材料包括普通混凝土、黏土混凝土和掺粉煤灰混凝土等，其抗压强度大于 5MPa，弹性模量大于 10 000MPa。柔性材料的抗压强度则小于 5MPa，弹性模量小于 10 000MPa，包括塑性混凝土、自凝灰浆和固化灰浆等。另外，现在有些工程开始使用强度大于 25MPa 的高强混凝土，以适应高坝深基础对防渗墙的技术要求。

（一）普通混凝土

普通混凝土是指强度在 7.5～20MPa，不加其他掺和料的高流动性混凝土。由于防渗墙的混凝土是在泥浆下浇筑，故要求混凝土能在自重下自行流动，并有抗离析与保持水分的性能。其坍落度一般为 18～22cm，扩散度为 34～38cm。

（二）黏土混凝土

在混凝土中掺入一定量的黏土（一般为总量的 12%～20%），不仅可以节省水泥，还可以降低混凝土的弹性模量，改变其变形性能，增加其和易性，改善其易堵性。

（三）粉煤灰混凝土

在混凝土中掺入一定比例的粉煤灰，能改善混凝土的和易性，降低混凝土发热量，提高混凝土密实性和抗侵蚀性，并具有较高的后期强度。

（四）塑性混凝土

塑性混凝土是以黏土和（或）膨润土取代普通混凝土中的大部分水泥所形成的一种柔性墙体材料。

塑性混凝土与黏土混凝土有本质区别，因为后者的水泥用量降低并不多，掺黏土的主要目的是改善和易性，并未过多改变弹性模量。塑性混凝土的水泥用量仅为 80～100kg/mL 就可使得其强度低，特别是弹性模量值低到与周围介质（基础）相接近，这时，墙体适应变形的能力大大提高，几乎不产生拉应力，减少了墙体出现开裂现象的可能性。

（五）自凝灰浆

自凝灰浆是在固壁浆液（以膨润土为主）中加入水泥和缓凝剂所制成的一种灰浆。凝固前作为造孔用的固壁泥浆，槽孔造成后则自行凝固成墙。

（六）固化灰浆

在槽锻造孔完成后，向固壁的泥浆中加入水泥等固化材料，沙子、粉煤灰等掺和料，水玻璃等外加剂，经机械搅拌或压缩空气搅拌后凝固成墙体。

四、防渗墙的施工工艺

槽孔（板）型的防渗墙，是由一段段槽孔套接而成的地下墙。防渗墙的施工程序主要包括：造孔前的准备工作、泥浆固壁与造孔成槽、终孔验收与清孔换浆、墙体浇筑。

（一）造孔准备

造孔前的准备工作是防渗墙施工的一个重要环节。

必须根据防渗墙的设计要求和槽孔长度的划分，做好槽孔的测量定位工作，并在此基础上设置导向槽。

导向槽的作用是：导墙是控制防渗墙各项指标的基准，导墙和防渗墙的中心线必须一致，导墙宽度一般比防渗墙的宽度多 3～5cm，它指示挖槽位置，为挖槽起导向作用；导墙竖向面的垂直度是决定防渗墙垂直度的首要条件，导墙顶部应平整，保证导向钢轨的架设和定位；导墙可防止槽壁顶部坍塌，保持泥浆压力，防止坍塌和阻止废浆、脏水倒流入槽，保证地面土体稳定，在导墙之间每隔 1～3m 加设临时木支撑；导墙经常承受灌注混凝土的导管、钻机等静、动荷载，可以起到重物支承台的作用；维持稳定液面的作用，特别是地下水位很高的地段，为维持稳定液面，至少要高出地下水位 1m；导墙内的空间有时可作为稳定液的贮藏槽。

导向槽可用木料、条石、灰拌土或混凝土制成。导向槽沿防渗墙轴线设在槽孔上方，导向槽的净宽一般等于或略大于防渗墙的设计厚度，高度以1.5～2.0m为宜。为了维持槽孔的稳定，要求导向槽底部高出地下水位0.5m以上。为了防止地表积水倒流和便于自流排浆，其顶部高程应比两侧地面略高。

钢筋混凝土导墙常用现场浇筑法。其施工顺序是平整场地、测量位置、挖槽与处理弃土、绑扎钢筋、支模板、灌注混凝土、拆模板并设横撑、回填导墙外侧空隙并碾压密实。

导墙的施工接头位置，应与防渗墙的施工接头位置错开。另外，还可设置插铁以保持导墙的连续性。

导向槽安设好后，在槽侧铺设造孔钻机的轨道，安装钻机，修筑运输道路，架设动力和照明路线以及供水供浆管路，做好排水排浆系统，并向槽内充灌泥浆，保持泥浆液面在槽顶以下30～50cm。做好这些准备工作以后，就可开始造孔。

（二）固壁泥浆和泥浆系统

在松散透水的地层和坝（堰）体内进行造孔成墙，如何维持槽孔孔壁的稳定是防渗墙施工的关键技术之一。工程实践表明，泥浆固壁是解决这类问题的主要方法。泥浆固壁的原理是：由于槽孔内的泥浆压力要高于地层的水压力，使泥浆渗入槽壁介质中，其中较细的颗粒进入空隙，较粗的颗粒附在孔壁上，形成泥皮。泥皮对地下水的流动形成阻力，使槽孔内的泥浆与地层被泥皮隔开。泥浆一般具有较大的密度，所产生的侧压力通过泥皮作用在孔壁上，就保证了槽壁的稳定。

泥浆除了固壁作用外，在造孔过程中，还有悬浮和携带岩屑、冷却润滑钻头的作用；成墙以后，渗入孔壁的泥浆和胶结在孔壁的泥皮还对防渗起辅助作用。由于泥浆的特殊重要性，在防渗墙施工中，国内外工程对于泥浆的制浆土料、配比以及质量控制等方面均有严格的要求。

泥浆的制浆材料主要有膨润土、黏土、水以及改善泥浆性能的掺和料，如加重剂、增黏剂、分散剂和堵漏剂等。制浆材料通过搅拌机进行拌制，经筛网过滤后，放入专用储浆池备用。

我国根据大量的工程实践，提出制浆土料的基本要求是黏粒含量大于50%，塑性指数大于20，含砂量小于5%，氧化硅与三氧化二铝含量的比值以3～4为宜。配制而成的泥浆，其性能指标，应根据地层特性、造孔方法和泥浆用途等，通过试验选定。

（三）造孔成槽

造孔成槽工序约占防渗墙整个施工工期的一半。槽孔的精度直接影响防渗墙的质量。选择合适的造孔机具与挖槽方法对于提高施工质量、加快施工速度至关重要。混凝土防渗墙的发展和广泛应用，也是与造孔机具的发展和造孔挖槽技术的改进密切相关的。

用于防渗墙开挖槽孔的机具，主要有冲击钻机、回转钻机、钢绳抓斗及液压铣槽机等。它们的工作原理、适用的地层条件及工作效率有一定差别。对于复杂多样的地层，一般要多种机具配套使用。

进行造孔挖槽时，为了提高工效，通常要先划分槽段，然后在一个槽段内划分主孔和副孔，采用钻劈法、钻抓法或分层钻进等方法成槽。

各种造孔挖槽的方法都采用泥浆固壁，在泥浆液面下钻挖成槽。在造孔过程中，要严格按操作规程施工，防止掉钻、卡钻、埋钻等事故发生；必须经常注意泥浆液面的稳定，发现严重漏浆，要及时补充泥浆，采取有效的止漏措施；要定时测定泥浆的性能指标，并控制在允许范围以内；应及时排除废水、废浆、废渣，不允许在槽口两侧堆放重物，以免影响工作，甚至造成孔壁坍塌；要保持槽壁平直，保证孔位、孔斜、孔深、孔宽以及槽孔搭接厚度、嵌入基岩的深度等满足规定的要求，防止漏钻、漏挖和欠钻、欠挖。

（四）终孔验收和清孔换浆

终孔验收的项目和要求：验收合格方准进行清孔换浆，清孔换浆的目的是在混凝土浇筑前，对留在孔底的沉渣进行清除，换上新鲜泥浆，以保证混凝土和不透水地层连接的质量。清孔换浆应该达到的标准是：经过1小时后，孔底淤积厚度不大于10cm，孔内泥浆密度不大于1.3，黏度不大于30s，含砂量不大于10%。一般要求清孔换浆以后4小时内开始浇筑混凝土。

（五）墙体浇筑

防渗墙的混凝土浇筑和一般混凝土浇筑不同，是在泥浆液面下进行的。泥浆下浇筑混凝土的主要特点是：

①不允许泥浆与混凝土掺混形成泥浆夹层；②确保混凝土与基础以及一、二期混凝土之间的结合；③连续浇筑，一气呵成。

泥浆下浇筑混凝土常用直升导管法。清孔合格后，立即下设钢筋笼、预埋管、导管和观测仪器。导管由若干节管径20～25cm的钢管连接而成，沿槽孔轴线布置，相邻导管的间距不宜大于3.5m，一期槽孔两端的导管距端面以1.0～1.5m宜，开浇时导管口距孔底10～25cm，把导管固定在槽孔口。当孔底高差大于25cm时，导管中心应布置在该导管控制范围的最低处。这样布置导管，有利于全槽混凝土面的均衡上升，有利于一、二期混凝土的结合，并可防止混凝土与泥浆掺混。槽孔浇筑应严格遵循先深后浅的顺序，即从最深的导管开始，由深到浅一个一个导管依次开浇，待全槽混凝土面浇平以后，再全槽均衡上升。

每个导管开浇时，先下入导注塞，并在导管中灌入适量的水泥砂浆，准备好足够数量的混凝土，将导注塞压到导管底部，使管内泥浆挤出管外；然后将导管稍微上提，使导注塞浮出，一举将导管底端被泻出的砂浆和混凝土埋住，保证后续浇筑的混凝土不至于泥浆掺混。

在浇筑过程中，应保证连续供料，一气呵成；保持导管埋入混凝土的深度不小于1m；维持全槽混凝土面均衡上升，上升速度不应小于2m/h，高差控制在0.5m范围内。

混凝土上升到距孔口10m左右，常因沉淀砂浆含砂量大、稠度增浓、压差减小，出现浇筑困难。这时可用空气吸泥器、砂泵等抽排浓浆，以便浇筑顺利进行。

浇筑过程中应注意观测，做好混凝土面上升的记录，防止堵管、埋管、导管漏浆和泥浆掺混等事故的发生。

五、防渗墙的质量检查

对混凝土防渗墙的质量检查应按规范及设计要求进行，主要有如下几个方面：①槽孔的检查，包括几何尺寸和位置、钻孔偏斜、入岩深度等；②清孔检查，包括槽段接头、孔底淤积厚度、清孔质量等；③混凝土质量的检查，包括原材料、新拌料的性能、硬化后的物理力学性能等；④墙体的质量检测，主要通过钻孔取芯、超声波及地震透射层析成像（CT）技术等方法全面检查墙体的质量。

六、双轮铣成槽技术

（一）双轮铣成槽技术工作原理

双轮铣设备的成槽原理是通过液压系统驱动下部两个轮轴转动，水平切削、破碎地层，采用反循环出碴。双轮铣设备主要由三部分组成：起重设备、铣槽机、泥浆制备及筛分系统等。铣槽时，两个铣轮低速转动，方向相反，其铣齿将地层围岩铣削破碎，中间液压马达驱动泥浆泵，通过铣轮中间的吸砂口将钻掘出的岩渣与泥浆混合物排到地面泥浆站进行集中除砂处理，然后将净化后的泥浆返回槽段内，如此往复循环，直至终孔成槽。在地面通过传感器控制液压千斤顶系统伸出或缩回导向板、纠偏板，调整铣头的姿态，并调慢铣头下降速度，从而有效地控制了槽孔的垂直度。

（二）主要优缺点

双轮铣成槽技术具有以下优点：

①对地层适应性强，从软土到岩石地层均可实施切削搅拌，更换不同类型的刀具即可在淤泥、砂、砾石、卵石及中硬强度的岩石、混凝土中开挖；②钻进效率高，在松散地层中钻进效率20～40m³/h，双轮铣设备施工进度与传统的抓槽机

和冲孔机在土层、砂层等软弱地层中为抓槽机的 2～3 倍，在微风岩层中可达到冲孔成槽效率的 20 倍以上，同时也可以在岩石中成槽；③孔形规则（墙体垂直度可控制在 3‰ 以下）；④运转灵活，操作方便；⑤排碴同时即清孔换浆，减少了混凝土浇筑准备时间；⑥低噪声、低振动，可以贴近建筑物施工；⑦设备成桩深度大，远大于常规设备；⑧设备成桩尺寸、深度、注浆量、垂直度等参数控制精度高，可保证施工质量，工艺没有"冷缝"概念，可实现无缝连接，形成无缝墙体。

但同时由于工艺和设备限制，因此存在一定的局限性。

①不适用于存在孤石、较大卵石等地层，此种地层下需和冲击钻或爆破配合使用；②受设备限制，连续墙槽段划分不灵活，尤其是二期槽段；③设备维护复杂且费用高；④设备自重较大，对场地硬化条件要求较传统设备高。

（三）施工准备

1.测量放样

施工前使用 GPS 放样防渗墙轴线，然后延轴线向两侧分别引出桩点，便于机械移动施工。

2.机械设备

主要施工机械有双轮铣、水泥罐、空气压缩机、制浆设备、挖掘机等。

3.施工材料

水泥选用强度等级为 42.5 级矿渣水泥。进场水泥必须具备出厂合格证，并经现场取样送试验室复检合格，水泥罐储量要充分满足施工需要。

要做好施工供水、施工供电等工作。

（四）施工工艺

工艺流程包括清场备料、放样接高、安装调试、开沟铺板、移机定位、铣削掘进搅拌、浆液制备、输送、铣体混合输送等、回转提升、成墙移机等。

（五）造墙方式

液压双轮铣槽机和传统深层搅拌的技术特点相结合起来，在掘进注浆、供气、铣、削和搅拌的过程中，四个铣轮相对相向旋转，铣削地层；同时通过矩形方管施加向下的推进力向下掘进切削。在此过程中，通过供气、注浆系统同时向槽内分别注入高压气体、固化剂和添加剂（一般为水泥和膨润土），直至达到设备要求的深度。此后，四个铣轮做相反方向相向旋转，通过矩形方管慢慢提起铣轮，并通过供气、注浆管路系统再向槽内分别注入气体和固化液，并与槽内的基土相混合，从而形成由基土、固化剂、水、添加剂等形成的水泥土混合物的固化体，成为等厚水泥土连续墙。幅间连接为完全铣削结合，第二幅与第一幅搭接长度为20～30cm，接合面无冷缝。

（六）造墙

1.铣头定位

根据不同的地质情况选用适合该地层的铣头，随后将双轮铣机的铣头定位于墙体中心线和每幅标线上。

2.垂直的精度

对于矩形方管的垂直度，采用经纬仪做三支点桩架垂直度的初始零点校准，由支撑矩形方管的三支点辅机的垂直度来控制，从而有效地控制了槽形的垂直度。其墙体垂直度可控制在3‰以内。

3.铣削深度

控制铁削深度为设计深度的±0.2m。

4.铣削速度

开动双轮铣主机掘进搅拌，并徐徐下降铣头与基土接触，按设计要求注浆、供气。控制铣轮的旋转速度为22～26r/min，一般铣进控速为0.4～1.5 m/min。根据地质情况可适当调整掘进速度和转速，以避免形成真空负压，孔壁坍陷，造成墙体空隙。在实际掘进过程中，由于地层35m以下土质较为复杂，需要进行多次上提和下沉掘进动作，满足设计进尺及注浆要求。

5.注浆

制浆桶制备的浆液放入到储浆桶，经送浆泵和管道送入移动车尾部的储浆桶，再由注浆泵经管路送至挖掘头。注浆量的大小由装在操作台的无级电机调速器和自动瞬时流速计及累计流量计监控；一般根据钻进尺速度与掘削量在100～350L/min内调整。在掘进过程中按设计要求进行一、二次注浆，注浆压力一般为2.0～3.0MPa。若中途出现堵管、断浆等现象，应立即停泵，查找原因进行修理，待故障排除后再掘进搅拌。当因故停机超过半小时时，应对泵体和输浆管路妥善清洗。

6.供气

由装在移动车尾部的空气压缩机制成的气体经管路压至钻头，其量大小由手动阀和气压表配给；全程气体不得间断；控制气体压力为0.3～0.7MPa。

7.成墙厚度

为保证成墙厚度，应根据铣头刀片磨损情况定期测量刀片外径，当磨损达到1cm时必须对刀片进行修复。

8.墙体均匀度

为确保墙体质量，应严格控制掘进过程中的注浆均匀性以及由气体升扬置换墙体混合物的沸腾状态。

9.墙体连接

每幅间墙体的连接是地下连续墙施工最关键的一道工序，必须保证充分搭接。液压铣削施工工艺形成矩形槽段，在施工时严格控制墙（桩）位并做出标识，确保搭接在30cm左右，以达到墙体整体连续作业；严格与轴线平行移动，以确保墙体平面的平整度。

10.水泥掺入比

水泥掺入量按20%控制，一般为下沉空搅部分占有效墙体部位总水泥量的70%左右。

11.水灰比

水灰比一般控制在1.4~1.5。

12.浆液配制

浆液不能发生离析，水泥浆液严格按预定配合比制作，用比重计或其他检测手法量测，控制浆液的质量。为防止浆液离析，放浆前必须搅拌30s再倒入存浆桶；浆液性能试验的内容为：比重、黏度、稳定性、初凝、终凝时间。凝固体的物理性能试验为：抗压、抗折强度。现场质检员对水泥浆液进行比重检验，监督浆液质量存放时间，水泥浆液随配随用，搅拌机和料斗中的水泥浆液应不断搅动。施工水泥浆液严格过滤，在灰浆搅拌机与集料斗之间设置过滤网。

13.特殊情况处理

供浆必须连续。一旦中断，将铣削头掘进至停供点以下0.5m（因铣削能力远大于成墙体的强度），待恢复供浆时再提升1~2m复搅成墙。当因故停机超过30min，要对泵体和输浆管路妥善清洗。遇地下构筑物时，采取高喷灌浆对构筑物周边及上下地层进行封闭处理。

14.施工记录与要求

及时填写现场施工记录，每掘进一幅位记录一次在该时刻的浆液比重、下沉时间、供浆量、供气压力、垂直度及桩位偏差。

15.出泥量的管理

当提升铣削刀具离基面时，将置存于储留沟中的水泥土混合物导回，以补充填墙料之不足。多余混合物待干硬后外运至指定地点堆放。

第三节　沙砾石地基处理

一、沙砾石地基灌浆

（一）沙砾石地基的可灌性

沙砾石地基的可灌性是指沙砾石地基能否接受灌浆材料灌入的一种特性。是决定灌浆效果的先决条件。其主要取决于地层的颗粒级配、灌浆材料的细度、灌浆压力和灌浆工艺等。

（二）灌浆材料

灌浆材料多用水泥黏土浆液。一般水泥和黏土的比例为 $1:1 \sim 1:4$，水和干料的比例为 $1:1 \sim 1:6$。

（三）钻灌方法

沙砾石地基的钻孔灌浆方法有：打管灌浆、套管灌浆、循环钻灌、预埋花管灌浆等。

1.打管灌浆

打管灌浆就是将带有灌浆花管的厚壁无缝钢管，直接打入受灌地层中，并利用它进行灌浆。其程序是：先将钢管打入到设计深度，再用压力水将管内冲洗干净，然后用灌浆泵灌浆，或利用浆液自重进行自流灌浆。灌完一段以后，将钢管起拔一个灌浆段高度，再进行冲洗和灌浆，如此自下而上，拔一段灌一段，直到结束。

这种方法设备简单、操作方便，适用于沙砾石层较浅、结构松散、颗粒不大、容易打管和起拔的场合。用这种方法所灌成的帷幕，防渗性能较差，多用于临时性工程（如围堰）。

2.套管灌浆

套管灌浆的施工程序是一边钻孔，一边跟着下护壁套管；或者，一边打设护壁套管，一边冲掏管内的沙砾石，直到套管下到设计深度。然后将钻孔冲洗干净，下入灌浆管，起拔套管到第一灌浆段顶部，安好止浆塞，对第一段进行灌浆。如此自下而上，逐段提升灌浆管和套管，逐段灌浆，直到结束。

采用这种方法灌浆，有套管护壁，不会产生第二段灌浆坍孔、埋钻等事故。但是，在灌浆过程中，浆液容易沿着套管外壁向上流动，甚至产生地表冒浆。如果灌浆时间较长，则又会胶结套管，造成起拔困难。

3.循环钻灌

循环钻灌是一种自上而下，钻一段灌一段，钻孔与灌浆循环进行的施工方法。钻孔时用黏土浆或最稀一级水泥黏土浆固壁。钻孔长度，也就是灌浆段的长度，视孔壁稳定和沙砾石层渗漏程度而定，容易坍孔和渗漏严重的地层，分段短一些，反之则长一些，一般为 $1 \sim 2m$。灌浆时可利用钻杆做灌浆管。

用这种方法灌浆，做好孔口封闭，是防止地面抬动和地表冒浆、提高灌浆质量的有效措施。

4.预埋花管灌浆

预埋花管灌浆的施工程序：

①用回转式钻机或冲击钻钻孔，跟着下护壁套管，一次直达孔的全深。②钻

孔结束后，立即进行清孔，清除孔壁残留的石渣。③在套管内安设花管，花管的直径一般为73～108mm，沿管长每隔33～50cm钻一排3～4个射浆孔，孔径1cm，射浆孔外面用橡皮箍紧。花管底部要封闭严密牢固，安设花管要垂直对中，不能偏在套管的一侧。④在花管与套管之间灌注填料，边下填料边起拔套管，连续灌注，直到全孔填满套管拔出为止。⑤填料待凝10天左右，达到一定强度，严密、牢固地将花管与孔壁之间的环形圈封闭起来。⑥在花管中下入双栓灌浆塞，灌浆塞的出浆孔要对准花管上准备灌浆的射浆孔；然后用清水或稀浆逐渐升压，压开花管上的橡皮圈，压穿填料，形成通路，为浆液进入沙砾石层创造条件，称为开环；开环以后，继续用稀浆或清水灌注5～10min，再开始灌浆。每排射浆孔就是一个灌浆段。灌完一段，移动双栓灌浆塞，使其出浆孔对准另一排射浆孔，进行另一灌浆段的开环灌浆。由于双栓灌浆塞的构造特点，因此可以在任一灌浆段进行开环灌浆，必要时还可以进行复灌，比较机动灵活。

用预埋花管法灌浆，由于有填料阻止浆液沿孔壁和管壁上升，很少发生冒浆、串浆现象，灌浆压力可相对提高，灌浆比较机动，可以重复灌浆，对灌浆质量较有保证。国内外比较重要的沙砾石层灌浆多采用这种方法。其缺点是花管被填料胶结以后，不能起拔，耗用管材较多。

二、水泥土搅拌桩

近几年，在处理淤泥、淤泥质土、粉土、粉质黏土等软弱地基时，经常采用深层搅拌桩进行复合地基加固处理。深层搅拌是利用水泥类浆液与原土通过叶片强制搅拌形成墙体的技术。

（一）技术特点

多头小直径深层搅拌桩机的问世，使防渗墙的施工厚度变为8～45cm，在江苏、湖北、江西、山东、福建等省广泛应用并已取得很好的社会效益。该技术使各幅钻孔搭接形成墙体，使排柱式水泥土地下墙的连续性、均匀性都有大幅度的提高。从现场检测结果看：墙体搭接均匀、连续整齐、美观、墙体垂直偏差小，满足搭接要求。该工法适用于黏土、粉质黏土、淤泥质土以及密实度中等以下的砂层，且施工进度和质量不受地下水位的影响。从浆液搅拌混合后形成"复合土"的物理性质分析，这种复合土属于"柔性"物质，从防渗墙的开挖过程中还可以看到，防渗墙与原地基土无明显的分界面，即"复合土"与周边土胶结良好。因而，目前防洪堤的垂直防渗处理，在墙身不大于18m的条件下优先选用深层搅拌桩水泥土防渗墙。

（二）防渗性能

防渗墙的功能是截渗或增加渗径，防止堤身和堤基的渗透破坏。影响水泥搅拌桩渗透性的因素主要有流体本身的性质、水泥搅拌土的密度、封闭气泡和孔隙的大小及分布。因此，从施工工艺上看，防渗墙的完整性和连续性是关键，当墙厚不小于20cm时，成墙28天后渗透系数 $K < 10^{-6}$ cm/s，抗压强度 $R > 0.5$ MPa。

（三）复合地基

当水泥土搅拌桩用来加固地基，形成复合地基用以提高地基承载力时，应符合以下规定：

①竖向承载搅拌桩的长度应根据上部结构对承载力和变形的要求确定，并应穿透软弱土层到达承载力相对较高的土层；设置的搅拌桩同时为提高抗滑稳定性时，其桩长应超过危险滑弧2.0m以上。干法的加固深度不宜大于15m；湿法及型钢水泥土搅拌墙（桩）的加固深度应考虑机械性能的限制。单头、双头加固深度不宜大于20m，多头及型钢水泥土搅拌墙（桩）的深度不宜超过35m。②竖向承载力水泥土搅拌桩复合地基的承载力特征值应通过现场单桩或多桩复合地基荷载试验确定。初步设计时也可按《建筑地基处理技术规范》的相关公式进行估算。③竖向承载搅拌桩复合地基中的桩长超过10m时，可采用变掺量设计。在全桩水泥总掺量不变的前提下，桩身上部1/3桩长范围内可适当增加水泥掺量及搅拌次数；桩身下部1/3桩长范围内可适当减少水泥掺量。④竖向承载搅拌桩的平面布置可根据上部结构特点及对地基承载力和变形的要求，采用柱状、壁状、格栅状或块状等加固形式。桩可只在刚性基础平面范围内布置，独立基础下的桩数不宜少于3根。柔性基础应通过验算在基础内、外布桩。柱状加固可采用正方形、等边三角形等布桩形式。

三、高压喷射灌浆

高压喷射灌浆首创于日本，将高压水射流技术应用于软弱地层的灌浆处理，成为一种新的地基处理方法。它是利用钻机造孔，然后将带有特制合金喷嘴的灌浆管下到地层预定位置，以高压把浆液或水、气高速喷射到周围地层，对地层介质产生冲切、搅拌和挤压等作用，同时被浆液置换、充填和混合，待浆液凝固后，就在地层中形成一定形状的凝结体。20世纪70年代初，该技术被我国铁路及冶金系统引进，水利系统首先将此技术用于山东省白浪河水库土石坝中。目前，该技术已在水利系统广泛采用。该技术既可用于低水头土坝坝基防渗，也可用于松散地层的防渗堵漏、截潜流和临时性围堰等工程，还可进行混凝土防渗墙断裂以及漏洞、隐患的修补。

高压喷射灌浆是利用旋喷机具造成旋喷桩以提高地基的承载能力，也可以作连锁桩施工或定向喷射成连续墙用于防渗。它适用于砂土、黏性土、淤泥等地基的加固，对砂卵石（最大粒径小于20cm）的防渗也有较好的效果。

通过各孔凝结体的连接，形成板式或墙式的结构，不但可以提高基础的承载力，而且成为一种有效的防渗体。由于高压喷射灌浆具有对地层条件适用性广、浆液可控性好、施工简单等优点，近年来在国内外都得到了广泛应用。

（一）技术特点

高压喷射灌浆防渗加固技术适用于软弱土层，包括第四纪冲积层、洪积层、残积层以及人工填土等。实践证明，对砂类土、黏性土、黄土和淤泥等土层，效果较好。对粒径过大和含量过多的砾卵石以及有大量纤维质的腐殖土地层，一般应通过现场试验确定施工方法；对含有粒径2～20cm的沙砾石地层，在强力的升扬置换作用下，仍可实现浆液包裹作用。

高压喷射灌浆不仅在黏性土层、砂层中可用，在砂砾卵石层中也可用。经过多年的研究和工程试验证明，只要控制措施和工艺参数选择得当，在各种松散地层均可采用，以烟台市夹河地下水库工程为例，采用高喷灌浆技术的半圆相向对喷和双排摆喷菱形结构的新的施工方案，成功地在夹河卵砾石层中构筑了地下水库截渗坝工程。

该技术有可灌性、可控性好，接头连接可靠，平面布置灵活，适应地层广，深度较大，对施工场地要求不高等特点。

（二）高压喷射灌浆作用

高压喷射灌浆的浆液以水泥浆为主，其压力一般在10～30MPa，它对地层的作用和机理有如下几个方面：

1.冲切掺搅作用

高压喷射流通过对原地层介质的冲击、切割和强烈扰动，使浆液扩散充填地层，并与土石颗粒掺混搅和，硬化后形成凝结体，从而改变原地层结构和组分，达到防渗加固的目的。

2.升扬置换作用

随高压喷射流喷出的压缩空气，不但对射流的能量有维持作用，而且造成孔内空气扬水的效果，使冲击切割下来的地层细颗粒和碎屑升扬至孔口，空余部分由浆液代替，起到了置换作用。

3.挤压渗透作用

高压喷射流的强度随射流距离的增加而衰减，至末端虽不能冲切地层，但对地层仍能产生挤压作用；同时，喷射后的静压浆液对地层还产生渗透凝结层，有利于进一步提高抗渗性能。

4.位移握裹作用

对于地层中的小块石，由于喷射能量大以及升扬置换作用，浆液可填满块石四周空隙，并将其握裹；对大块石或块石集中区，如降低提升速度，提高喷射能量，可以使块石产生位移，浆液便深入到空（孔）隙中去。

总之，在高压喷射、挤压、余压渗透以及浆气升串的综合作用下，产生握裹凝结作用，从而形成连续和密实的凝结体。

（三）防渗性能

在高压喷射流的作用下切割土层，被切割下来的土体与浆液搅拌混合，进而固结，形成防渗板墙。不同地层及施工方式形成的防渗体结构体的渗透系数稍有差别，一般来说，其渗透系数小于 10^{-7}cm/s。

（四）高压喷射凝结体

1.凝结体的形式

凝结体的形式与高压喷射方式有关。常见的凝结体有三种。

①喷嘴喷射时，边旋转边垂直提升，简称旋喷，可形成圆柱形凝结体；②喷嘴的喷射方向固定，则称定喷，可形成板状凝结体；③喷嘴喷射时，边提升边摆动，简称摆喷，形成哑铃状或扇形凝结体。

为了保证高压喷射防渗板（墙）的连续性与完整性，必须使各单孔凝结体在其有效范围内相互可靠连接，这与设计的结构布置形式及孔距有很大关系。

2.高压喷射灌浆的施工方法

高压喷射灌浆的基本方法有单管法、双管法、三管法及多管法等几种。

（1）单管法

采用高压灌浆泵以大于2.0MPa的高压将浆液从喷嘴喷出，冲击、切割周围地层，并产生搅和、充填作用，硬化后形成凝结体。该方法施工简易，但有效范围小。

（2）双管法

有两个管道，分别将浆液和压缩空气直接射入地层，浆压达45～50MPa，气压1～1.5MPa。由于射浆具有足够的射流强度和比能，易将地层加压密实。这种方法工效高、效果好，尤其适合处理地下水丰富、含大粒径块石及孔隙率大的地层。

（3）三管法

用水管、气管和浆管组成喷射杆，水、气的喷嘴在上，浆液的喷嘴在下。随着喷射杆的旋转和提升，先有高压水和气的射流冲击扰动地层，再以低压注入浓浆进行掺混搅拌。常用参数为：水压38～40MPa，气压0.6～0.8MPa，浆压0.3～

0.5MPa。

如果将浆液也改为高压（浆压达20~30MPa）喷射，浆液可对地层进行二次切割、充填，其作用范围就更大。这种方法称为新三管法。

（4）多管法

其喷管包含输送水、气、浆管、泥浆排出管和探头导向管。采用超高压水射流（40MPa）切削地层，所形成的泥浆由管道排出，用探头测出地层中形成的空间，最后由浆液、砂浆、砾石等置换充填。多管法可在地层中形成直径较大的柱状凝结体。

（五）施工程序与工艺

高压喷射灌浆的施工程序主要有造孔、下喷射管、喷射灌浆、最后成桩或墙。

1.造孔

在软弱透水的地层进行造孔，应采用泥浆固壁或跟管（套管法）的方法确保成孔。造孔机具有回转式钻机、冲击式钻机等。目前用得较多的是立轴式液压回转钻机。

为保证钻孔质量，孔位偏差应不大于1~2cm，孔斜率小于1%。

2.下喷射管

用泥浆固壁的钻孔，可以将喷射管直接下入孔内，直到孔底。用跟管钻进的孔，可在拔管前向套管内注入密度大的塑性泥浆，边拔边注，并保持液面与孔口齐平，直至套管拔出，再将喷射管下到孔底。

将喷嘴对准设计的喷射方向，不偏斜，是确保喷射灌浆成墙的关键。

3.喷射灌浆

根据设计的喷射方法与技术要求，将水、气、浆送入喷射管，喷射1~3min待注入的浆液冒出后，按预定的速度自上而下边喷射边转动、摆动，逐渐提升到设计高度。

进行高压喷射灌浆的设备由造孔、供水、供气、供浆和喷灌等五大系统组成。

施工要点：①管路、旋转活接头和喷嘴必须拧紧，达到安全密封；高压水泥浆液、高压水和压缩空气各管路系统均应不堵、不漏、不串。设备系统安装后，必须经过运行试验，试验压力达到工作压力的1.5~2.0倍。②旋喷管进入预定深度后，应先进行试喷，待达到预定压力、流量后，再提升旋喷。中途发生故障，应立即停止提升和旋喷，以防止桩体中断。同时进行检查，排除故障。若发现浆液喷射不足，影响桩体质量时，应进行复喷。施工中应做好详细记录。旋喷水泥浆应严格过滤，防止水泥结块和杂物堵塞喷嘴及管路。③旋喷结束后要进行压力注浆，以补填桩柱凝结收缩后产生的顶部空穴。每次施工完毕后，必须立即用清水冲洗旋喷机具和管路，检查磨损情况，如有损坏零部件应及时更换。

（六）旋喷桩的质量检查

旋喷桩的质量检查通常采取钻孔取样、贯入试验、荷载试验或开挖检查等方法。对于防渗的连锁桩、定喷桩，应进行渗透试验。

参考文献

［1］邱祥彬.水利水电工程建设征地移民安置社会稳定风险评估［M］.天津：天津科学技术出版社，2018.

［2］高翠云，康抗，施涛.水利水电工程建设管理［M］.天津：天津科学技术出版社，2018.

［3］鲁杨明，赵铁斌，赵峰.水利水电工程建设与施工安全［M］.海口：南方出版社，2018.

［4］贺小明.水利水电工程建设安全生产资格考核培训指导书［M］.北京：中国水利水电出版社，2018.

［5］贾洪彪，邓清禄，马淑芝.水利水电工程地质［M］.武汉：中国地质大学出版社，2018.

［6］张志坚.中小水利水电工程设计及实践［M］.天津：天津科学技术出版社，2018.

［7］沈凤生.节水供水重大水利工程规划设计技术［M］.郑州：黄河水利出版社，2018.

［8］王洪海.水利水电建设项目施工期环境管理［M］.西宁：青海民族出版社，2019.

［9］袁俊周，郭磊，王春艳.水利水电工程与管理研究［M］.郑州：黄河水利出版社，2019.

［10］高明强，曾政，王波.水利水电工程施工技术研究［M］.延吉：延边大学出版社，2019.

［11］刘春艳，郭涛.水利工程与财务管理［M］.北京：北京理工大学出版社，2019.

［12］马乐，沈建平，冯成志.水利经济与路桥项目投资研究［M］.郑州：黄河

水利出版社，2019.

　　［13］孙玉玥，姬志军，孙剑.水利工程规划与设计［M］.长春：吉林科学技术出版社，2019.

　　［14］牛广伟.水利工程施工技术与管理实践［M］.北京：现代出版社，2019.

　　［15］沈韫，胡继红.建设工程概论［M］.合肥：安徽大学出版社，2019.

　　［16］唐涛.水利水电工程［M］.北京：中国建材工业出版社，2020.

　　［17］闫国新.水利水电工程施工技术［M］.郑州：黄河水利出版社，2020.

　　［18］朱显鸽.水利水电工程施工技术［M］.郑州：黄河水利出版社，2020.

　　［19］吕海涛，李大印，吕如瑾.水利水电工程专业教学变化的透视［M］.北京：科学出版社，2020.

　　［20］代培，任毅，肖晶.水利水电工程施工与管理技术［M］.长春：吉林科学技术出版社，2020.

　　［21］马明，蒋国盛，孙表峰.水利水电钻探手册［M］.武汉：中国地质大学出版社，2021.

　　［22］朱根权.基层水利水电实践案例［M］.北京：中国原子能出版社，2020.

　　［23］刘焕永，席景华，刘映泉.水利水电工程移民安置规划与设计［M］.北京：中国水利水电出版社，2021.

　　［24］马小斌，刘芳芳，郑艳军.水利水电工程与水文水资源开发利用研究［M］.北京：中国华侨出版社，2021.